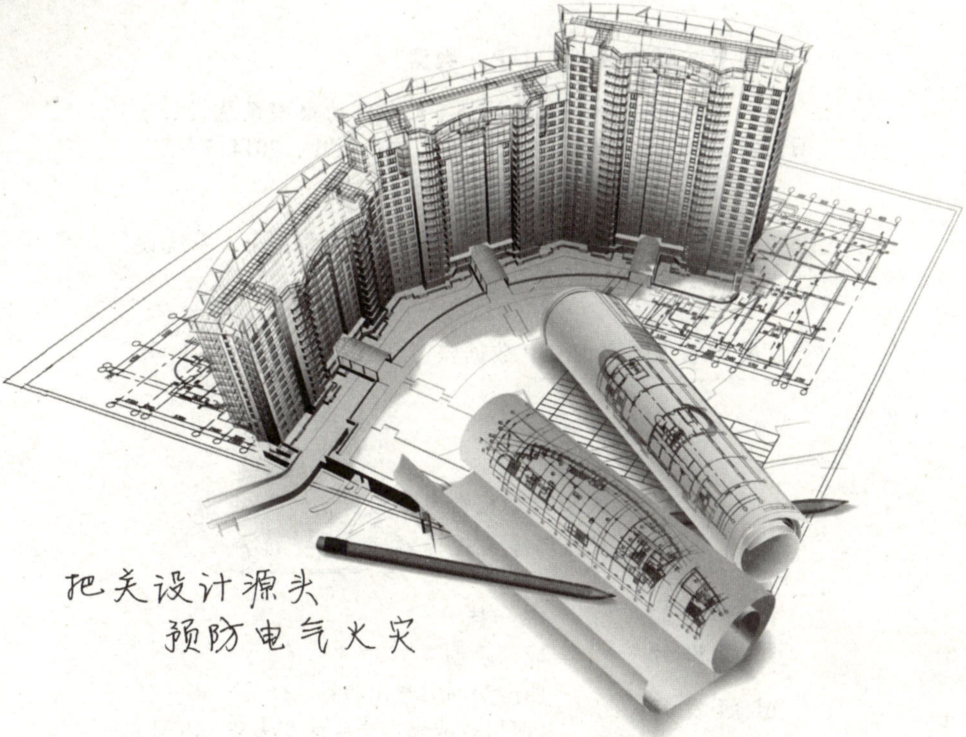

把关设计源头
预防电气火灾

火灾自动报警系统设计

HUOZAI ZIDONG BAOJING XITONG SHEJI

《火灾自动报警系统设计》编委会 编著

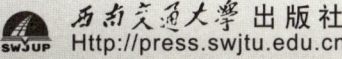

图书在版编目（CIP）数据

火灾自动报警系统设计 /《火灾自动报警系统设计》编委会编著. —成都：西南交通大学出版社，2014.5
ISBN 978-7-5643-3068-2

Ⅰ. ①火… Ⅱ. ①火… Ⅲ. ①火灾自动报警－系统设计 Ⅳ. ①TU998.1

中国版本图书馆 CIP 数据核字（2014）第 099354 号

火灾自动报警系统设计
《火灾自动报警系统设计》编委会　编著

责 任 编 辑	牛　君
封 面 设 计	成都励创
出 版 发 行	西南交通大学出版社
	（四川省成都市金牛区交大路 146 号）
发行部电话	028-87600564　028-87600533
邮 政 编 码	610031
网　　　　址	http://press.swjtu.edu.cn
印　　　　刷	四川经纬印务有限公司
成 品 尺 寸	170 mm × 240 mm
印　　　　张	15.5
字　　　　数	184 千字
版　　　　次	2014 年 5 月第 1 版
印　　　　次	2014 年 5 月第 1 次
书　　　　号	ISBN 978-7-5643-3068-2
定　　　　价	168.00 元

版权所有　盗版必究　举报电话：028-87600562

《火灾自动报警系统设计》
编委会

主　编：丁宏军

副主编：沈　纹　　　吕　立

编　委：刘　凯　　张颖琮　　岳　杰
　　　　向　东　　敖玮婧　　王爱中
　　　　李冰茹　　李　鑫

前　言

火灾自动报警系统，能在发生火灾后第一时间识别到火灾，并迅速将火灾报警信号发送到消防控制室，使人员及早知晓火情，引导人员尽快逃生；同时，联动控制与之相连接的其他灭火系统、防排烟系统、防火分隔设施等消防设施，及时调动各类消防设施发挥应有作用，最大限度预防和减少建筑物或场所的火灾危害。因此科学合理地设计和使用火灾自动报警系统，使其在火灾发生初期，实现"及早发现，引导疏散，有效控制"的作用，是制订《火灾自动报警系统设计规范》的目的。

GB 50116—2013《火灾自动报警系统设计规范》在原1998版的基础上，本着"以人为本，生命第一"的基本理念，以保护人民群众的生命和财产安全为设计目标，结合社会、经济和消防产品的发展现状，认真总结了火灾事故教训和我国火灾自动报警系统工程的实践经验，充分吸收应用成熟可靠的新产品、新技术和科研成果，更加全面、系统地规定了火灾自动报警系统的设计要求，充分体现了火灾早期探测和防控的设计概念和思路，对于更好地发挥火灾自动报警系统的作用具有重要意义。

GB 50116—2013《火灾自动报警系统设计规范》涉及内容众多，无论从章节和条文数量较原1998版都有较大幅度的增加和修改，为了让各从业人员能够深入了解标准修订组的修订理念，使本规范能够得到科学、合理和准确的执行，修订编制组组织专家编写了本书。本书以规范条文为依据，从系统组成、工作原理到规范条文的修订内容和修订缘由等方面，进行了深入浅出的介绍和说明，特别是将系统组成、工作原理和规范要求等进行图示说明，具有较强的实用性和设计指导意义。

希望本书的出版对提高我国火灾自动报警系统的设计、安装和管理工作水平起到积极的作用；同时，对于企业的产品生产、科研单位的技术研究、大专院校的教学研究和有关部门的监管等工作起到一定的参考作用。

由于时间短促，本书的编写难免有不妥之处，欢迎批评指正。

沈　纹

2014年3月

目 录

1 火灾自动报警系统的组成、工作原理 ………………… 1
  1.1 火灾自动报警系统组成 ……………………………… 1
  1.2 火灾自动报警系统工作原理 ………………………… 6

2 火灾自动报警系统在建筑火灾防控中的作用 ………… 9
  2.1 建筑火灾发生、发展的过程和阶段 ………………… 9
  2.2 火灾自动报警系统在建筑火灾防控中的作用 …… 11
  2.3 消防设施在火灾不同发展阶段的作用 …………… 14

3 基本规定 ………………………………………………… 16
  3.1 一般规定 …………………………………………… 16
  3.2 系统形式的选择和设计要求 ……………………… 23
  3.3 报警区域和探测区域的划分 ……………………… 30
  3.4 消防控制室 ………………………………………… 32

4 消防联动控制设计 ……………………………………… 43
  4.1 一般规定 …………………………………………… 43
  4.2 自动喷水灭火系统的联动控制设计 ……………… 48
  4.3 消火栓系统的联动控制设计 ……………………… 62

4.4 气体（泡沫）灭火系统的联动控制设计 …………… 67
4.5 防烟排烟系统的联动控制设计 ………………………… 73
4.6 防火门及防火卷帘系统的联动控制设计 …………… 78
4.7 电梯的联动控制设计 ……………………………………… 80
4.8 火灾警报和消防应急广播系统的联动控制设计 …… 81
4.9 消防应急照明和疏散指示系统的联动控制设计 …… 84
4.10 相关联动控制设计 ……………………………………… 86

5 火灾探测器的选择 …………………………………………… 88
5.1 一般规定 …………………………………………………… 88
5.2 点型火灾探测器的选择 ………………………………… 93
5.3 线型火灾探测器 ………………………………………… 99
5.4 吸气式感烟火灾探测器的选择 ………………………… 100

6 系统设备的设置 ……………………………………………… 103
6.1 火灾报警控制器和消防联动控制器的设置 ………… 103
6.2 火灾探测器的设置 ……………………………………… 107
6.3 手动火灾报警按钮的设置 ……………………………… 127
6.4 区域显示器的设置 ……………………………………… 128
6.5 火灾警报器的设置 ……………………………………… 130
6.6 消防应急广播的设置 …………………………………… 131
6.7 消防专用电话的设置 …………………………………… 133
6.8 模块的设置 ………………………………………………… 135
6.9 消防控制室图形显示装置的设置 …………………… 137
6.10 火灾报警传输设备或用户信息传输装置的设置 …… 139

6.11 防火门监控器的设置 …………………………………… 143

7 住宅建筑火灾自动报警系统 ……………………………… 147
7.1 一般规定 …………………………………………………… 147
7.2 系统设计 …………………………………………………… 149
7.3 火灾探测器的设置 ………………………………………… 150
7.4 家用火灾报警控制器的设置 ……………………………… 151
7.5 火灾声警报器的设置 ……………………………………… 152
7.6 应急广播的设置 …………………………………………… 152

8 可燃气体探测报警系统 …………………………………… 153
8.1 一般规定 …………………………………………………… 153
8.2 可燃气体探测报警系统设计原则 ………………………… 155
8.3 可燃气体探测器的设置 …………………………………… 164
8.4 可燃气体报警控制器的设置 ……………………………… 165

9 电气火灾监控系统 ………………………………………… 166
9.1 概述 ………………………………………………………… 166
9.2 电气火灾监控系统组成及分类 …………………………… 171
9.3 设计理念 …………………………………………………… 173
9.4 系统设置 …………………………………………………… 177

10 系统供电 …………………………………………………… 187
10.1 一般规定 ………………………………………………… 187
10.2 系统接地 ………………………………………………… 188

11 布线 190
11.1 一般规定 190
11.2 室内布线 194

12 典型场所的火灾自动报警系统 196
12.1 道路隧道 196
12.2 油罐区 198
12.3 电缆隧道 199
12.4 高度大于 12 m 的空间场所 200

附录 火灾自动报警系统主要产品简介 203

参考文献 234

 火灾自动报警系统的组成、工作原理

火灾自动报警系统是火灾探测报警与消防联动控制系统的简称，是以实现火灾早期探测和报警、向各类消防设备发出控制信号并接收、显示设备反馈信号，进而实现预定消防功能为基本任务的一种自动消防设施。

1.1 火灾自动报警系统组成

火灾自动报警系统由火灾探测报警系统、消防联动控制系统、可燃气体探测报警系统及电气火灾监控系统组成（图1.1）。

1.1.1 火灾探测报警系统

火灾探测报警系统是实现火灾早期探测并发出火灾报警信号的系统，一般由火灾触发器件（火灾探测器、手动火灾报警按钮）、声和/或光警报器、火灾报警控制器等组成。

图1.2和图1.3分别是火灾探测报警系统组成示意和实物图示。

1.1.1.1 触发器件

触发器件是在火灾自动报警系统中，自动或手动产生火灾报警信号的器件，各种火灾探测器是自动触发器件，手动报警按钮是手动发送信

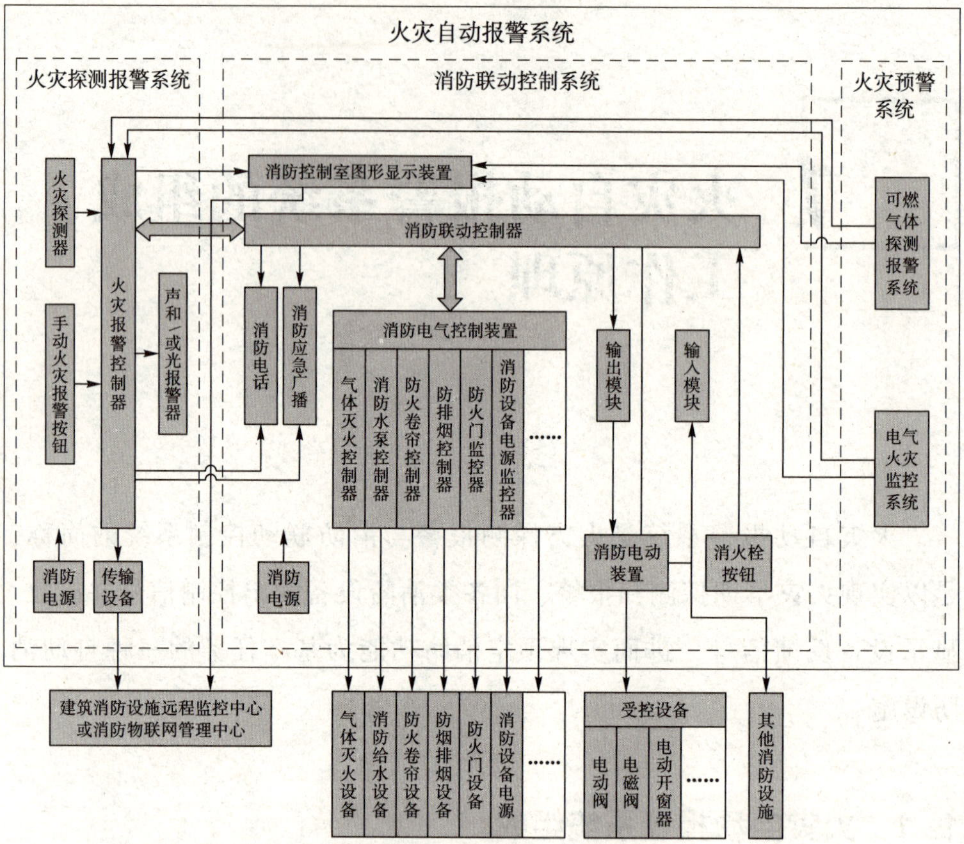

图1.1 火灾自动报警系统组成示意

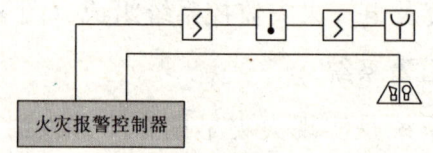

图1.2 火灾探测报警系统组成示意

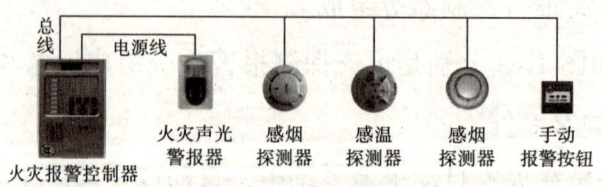

图1.3 火灾探测报警系统构成实物图示

号、通报火警的触发器件。在火灾自动报警系统设计时，自动和手动两种触发装置应同时按照规范要求设置，尤其是手动报警可靠易行，是系统必设功能。

1.1.1.2 火灾报警装置

火灾报警装置是在火灾自动报警系统中，用以接收、显示和传递火灾报警信号，并能发出控制信号和具有其他辅助功能的控制指示设备。

火灾报警控制器就是火灾报警装置中最基本的一种。火灾报警控制器向火灾探测器提供稳定的工作电源，监视探测器及系统自身的工作状态，接收、转换、处理火灾探测器输出的报警信号，发出声光报警，指示、存储报警的具体部位及时间，执行相应控制等诸多任务，是火灾报警系统的核心组成部分。

火灾报警控制器功能的多少反映出火灾自动报警系统的技术构成、可靠性、稳定性和性价比等因素，是评价火灾自动报警系统先进性的一项重要指标。

1.1.1.3 火灾警报装置

火灾警报装置是在火灾自动报警系统中，用以发出区别于环境声、光的火灾警报信号的装置。它以声、光等方式向报警区域发出火灾警报信号，以警示人们迅速采取安全疏散、灭火救灾措施。

1.1.1.4 电源

火灾自动报警系统属于消防用电设备，其主电源应当采用消防电源，备用电源可采用蓄电池。系统电源除为火灾报警控制器供电外，还为与系统相关的消防控制设备等供电。

1.1.2 消防联动控制系统

消防联动控制系统是火灾自动报警系统中，接收火灾报警控制器发出的火灾报警信号,按预设逻辑完成各项消防功能的控制系统。由消防联动控制器、消防控制室图形显示装置、消防电气控制装置(防火卷帘控制器、气体灭火控制器等)、消防电动装置、消防联动模块、消火栓按钮、消防应急广播设备、消防电话等设备和组件组成。

图 1.4 和图 1.5 分别是消防联动控制系统组成示意和实物图示。

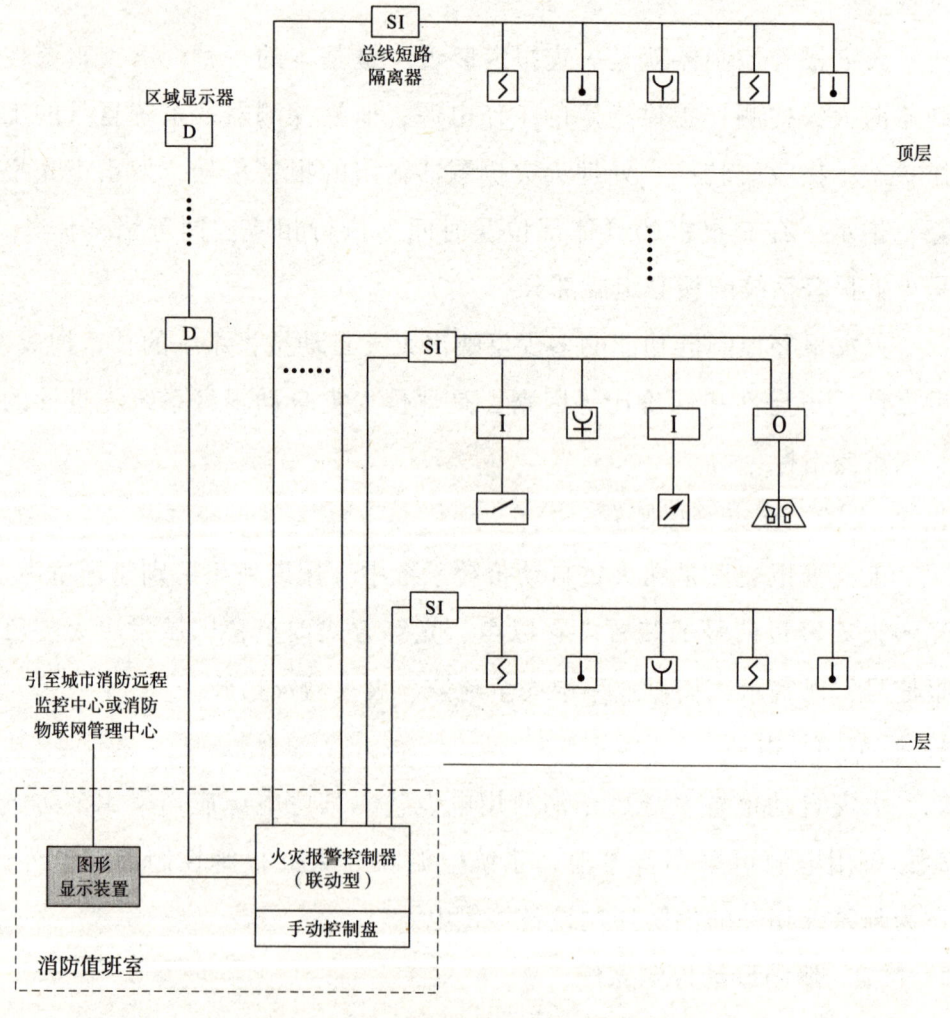

图 1.4 消防联动控制系统组成示意

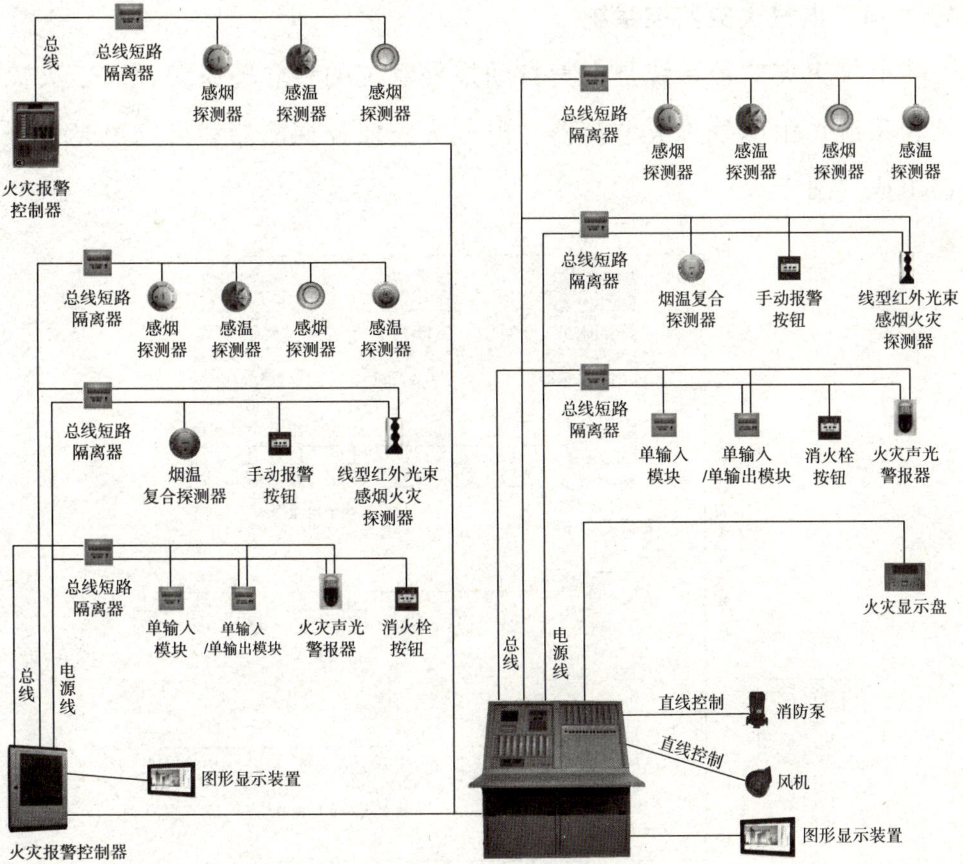

1 火灾自动报警系统的组成、工作原理

图 1.5 消防联动控制系统构成实物图示

1.1.3 可燃气体探测报警系统

可燃气体探测报警系统是火灾自动报警系统的独立子系统,属于火灾预警系统,由可燃气体报警控制器、可燃气体探测器和火灾声光警报器组成(图1.6)。

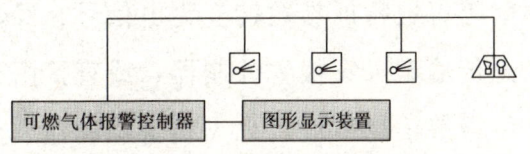

图 1.6 可燃气体探测报警系统组成示意

1.1.4 电气火灾监控系统

电气火灾监控系统是火灾自动报警系统的独立子系统,属于火灾预警系统,由电气火灾监控器、电气火灾监控探测器和火灾声光警报器组成(图1.7)。

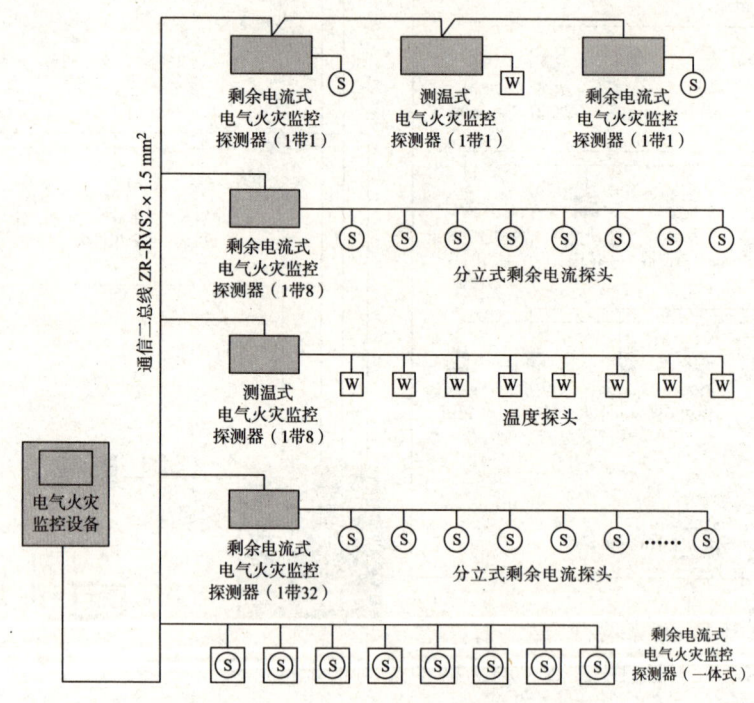

图 1.7 电气火灾监控系统组成示意

1.2 火灾自动报警系统工作原理

1.2.1 火灾探测报警系统工作原理

火灾发生时,安装在保护区域现场的火灾探测器将火灾产生的烟雾、热量和光辐射等火灾特征参数转变为电信号,经数据处理后,将火灾特征参数信息传输至火灾报警控制器;或直接由火灾探测器作出火灾报警判断,将报警信息传输到火灾报警控制器。火灾报警控制器在接收到探测器的火灾特征参数信息或报警信息后,经报警确认判断,显示发出火灾报警探测器的部位，记录探测器火灾报警的时间。处于火灾现场的人员，在发现火灾后可立即触动安装在现场的手动火灾报警按钮，手动报警按钮便将报警信息传输到火灾报警控制器，火灾报警控制器在接收到手动火灾报警按钮的报警信息后，经报警确认判断，显示发出火灾手动报警按钮的部位，记录手动火灾报警按钮报警的时间。火灾报警控制器在确认火灾探测器和手动火灾报警按钮的报警信息后，驱动安装在被保护区域现场的火灾警报装置，发出火灾警报，警示处于被保护区域内的人员火灾的发生。

火灾探测报警系统工作原理示意框图如图1.8所示。

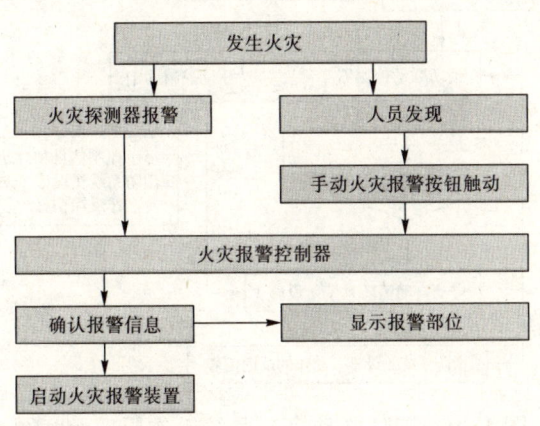

图1.8　火灾探测报警系统工作原理示意图

1.2.2　消防联动控制系统工作原理

　　火灾发生时，火灾报警控制器将火灾探测器和手动火灾报警按钮的报警信息传输至消防联动控制器。对于需要联动控制的自动消防系统（设施），消防联动控制器按照预设的逻辑关系对接收到的报警信息进行识别判断，若逻辑关系满足，消防联动控制器便按照预设的控制时序启动相应消防系统（设施）；消防控制室的消防管理人员也可以通过操作消防联动控制器的手动控制盘直接启动相应的消防系统（设施），从而实现相应消防系统（设施）预设的消防功能。消防系统（设施）动作的反馈信号传输至消防联动控制器显示。

消防联动控制系统工作原理框图示意如图 1.9 所示。

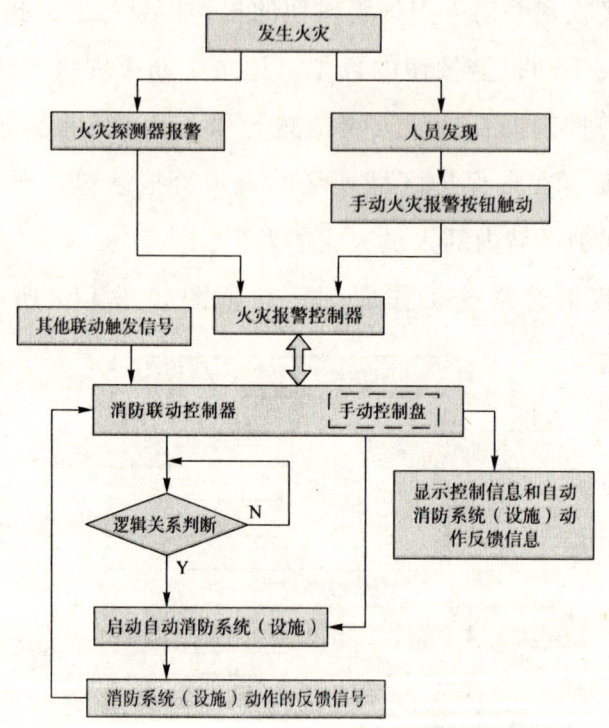

图 1.9　消防联动控制系统工作原理示意图

2 火灾自动报警系统在建筑火灾防控中的作用

2.1 建筑火灾发生、发展的过程和阶段

火灾是指在时间或空间上失去控制的燃烧所造成的灾害。对于建筑火灾而言,最初发生在室内的某个房间或某个部位,然后由此蔓延到相邻的房间或区域,以及整个楼层,最后蔓延到整个建筑物。其发展过程大致可分为初期增长阶段、充分发展阶段和衰减阶段。图2.1为建筑室内火灾温度 – 时间曲线。

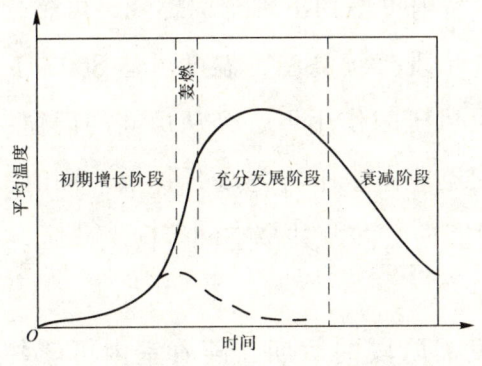

图2.1 建筑室内火灾温度 – 时间曲线

2.1.1 初期增长阶段

室内火灾发生后,最初只局限于着火点处的可燃物燃烧。局部燃

烧形成后，可能会出现以下 3 种情况：一是最初着火的可燃物燃尽而终止；二是因通风不足，火灾可能自行熄灭，或受到较弱供氧条件的支持，以缓慢的速度维持燃烧；三是有足够的可燃物，且有良好的通风条件，火灾迅速发展至整个房间。

这一阶段着火点处局部温度较高，燃烧的面积不大，室内各点的温度不平衡。由于可燃物性能、分布和通风、散热等条件的影响，燃烧的发展大多比较缓慢，有可能形成火灾，也有可能中途自行熄灭，燃烧发展不稳定。火灾初期阶段持续时间的长短不定。

2.1.2 充分发展阶段

在建筑室内火灾持续燃烧一定时间后，燃烧范围不断扩大，温度升高，室内的可燃物在高温下，不断分解释放出可燃气体，当房间内温度达到 400～600 ℃时，室内绝大部分可燃物起火燃烧，这种在一限定空间内可燃物的表面全部卷入燃烧的瞬变状态，称为轰燃。轰燃的出现是燃烧释放的热量在室内逐渐累积与对外散热共同作用、燃烧速率急剧增大的结果。通常，轰燃的发生标志着室内火灾进入充分发展阶段。

轰燃发生后，室内可燃物出现全面燃烧，可燃物热释放速率很大，室温急剧上升，并出现持续高温，温度可达 800～1 000 ℃。之后，火焰和高温烟气在火风压的作用下，会从房间的门窗、孔洞等处大量涌出，沿走廊、吊顶迅速向水平方向蔓延扩散。同时，由于烟囱效应的作用，火势会通过竖向管井、共享空间等向上蔓延。

2.1.3 衰减阶段

在火灾全面发展阶段的后期，随着室内可燃物数量的减少，火灾燃烧速度减慢，燃烧强度减弱，温度逐渐下降，当降到其最大值的 80% 时，火灾则进入熄灭阶段。随后房间内温度下降显著，直到室内外温度达到平衡为止，火完全熄灭。

2.2 火灾自动报警系统在建筑火灾防控中的作用

在"以人为本,生命第一"的今天,建筑物内设置消防系统第一任务就是保障人身安全,这是消防系统设计最基本的理念。从这一基本理念出发,就会得出这样的结论:尽早发现火灾、及时报警、启动有关消防设施,引导人员疏散;如果火灾发展到需要启动自动灭火设施的程度,就应启动相应的自动灭火设施,扑灭初期火灾;启动防火分隔设施,防止火灾蔓延。自动灭火系统启动后,火灾现场中的幸存者就只能依靠消防救援人员帮助逃生了,因为火灾发展到这个阶段时,滞留人员由于毒气、高温等原因已经丧失了自我逃生的能力。图2.2给出了与火灾相关的几个消防过程。

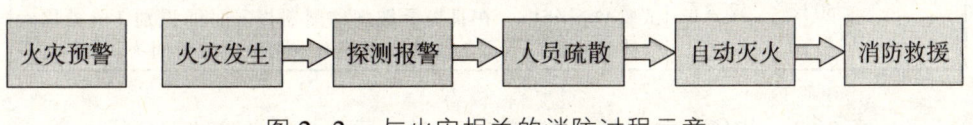

图2.2 与火灾相关的消防过程示意

由图2.2和图2.3中可以看出,探测报警与自动灭火之间是至关重要的人员疏散阶段,这一阶段根据火灾发生的场所、火灾起因、燃烧物等因素不同,有几分钟到几十分钟不等的时间,可以说这是直接关系到人身安全最重要的阶段。因此,在任何需要保护人身安全的场所,设置火灾自动报警系统均具有不可替代的重要意义。

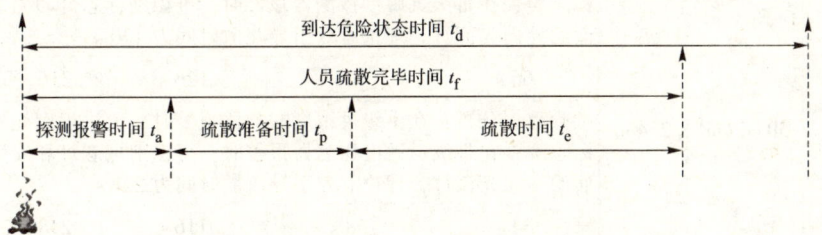

图2.3 火灾时报警和疏散时间分布图

如表2.1和表2.2所示,只有设置了火灾自动报警系统,才会

表2.1 火灾探测报警与消防应急照明的试验数据分析

试验火材料	消防应急照明的初始照度	安装高度	Ⅰ级灵敏度探测器报警	Ⅱ级灵敏度探测器报警	Ⅲ级灵敏度探测器报警	截止到3m处反光物体无法识别的时间	截止到1m处反光物体无法识别的时间
木材热解阴燃火	50 lx	2.4 m	215 s	355 s	455 s	490~530 s	840~850 s
			试验数据分析:在Ⅲ级灵敏度探测器报警时,能识别3m处周围物体和1m处周围的物体,理论有效引导疏散时间为395 s				
棉绳热解阴燃火	50 lx	2.4 m	105 s	210 s	290 s	360~365 s	640~650 s
			试验数据分析:在Ⅲ级灵敏度探测器报警时能识别3m处周围物体和1m处周围的物体,理论有效引导疏散时间为360 s				
聚氨酯塑料火	50 lx	2.4 m	68 s	92 s	130 s	160~180 s	310~400 s
			试验数据分析:在Ⅲ级灵敏度探测器报警时能识别3m处周围物体和1m处周围的物体,理论有效引导疏散时间为270 s				
正庚烷火	50 lx	2.4 m	36 s	56 s	116 s	150~160 s	250~260 s
			试验数据分析:在Ⅲ级灵敏度探测器报警时能识别3m处周围物体和1m处周围的物体,理论有效引导疏散时间为144 s				

表2.2 火灾探测报警与消防应急疏散指示标志的试验数据分析

试验火材料	初始亮度	安装高度	Ⅰ级灵敏度探测器报警	Ⅱ级灵敏度探测器报警	Ⅲ级灵敏度探测器报警	无法识别标志灯的疏散标志
木材热解阴燃火	50 cd/m^2	2.4 m	220 s	335 s	445 s	965~1 055 s
			试验数据分析:在Ⅱ级灵敏度探测器报警时,无法识别光致发光标志牌;在Ⅲ级灵敏度探测器报警时,可识别标志灯和安装在地面的导向光流灯,理论有效引导疏散时间为610 s			
棉绳热解阴燃火	50 cd/m^2	2.4 m	105 s	210 s	300 s	405~430 s
			试验数据分析:在Ⅰ级灵敏度探测器报警时,无法识别光致发光标志牌;在Ⅲ级灵敏度探测器报警时,可识别标志灯和安装在地面的导向光流灯,理论有效引导疏散时间为130 s			
聚氨酯塑料火	50 cd/m^2	2.4 m	66 s	90 s	126 s	316~350 s
			试验数据分析:在Ⅰ级灵敏度探测器报警时,无法识别光致发光标志牌;在Ⅲ级灵敏度探测器报警时,可识别标志灯和安装在地面的导向光流灯,理论有效引导疏散时间为224 s			
正庚烷火	50 cd/m^2	2.4 m	34 s	58 s	116 s	248~266 s
			试验数据分析:在Ⅰ级灵敏度探测器报警时,无法识别光致发光标志牌;在Ⅲ级灵敏度探测器报警时,可识别标志灯和安装在地面的导向光流灯,理论有效引导疏散时间为150 s			

提前告知火灾现场的人员，才会形成科学有效的疏散和足够的疏散时间，也才会有科学有效的应急预案。我们所说的疏散是指有组织的、按预订方案撤离危险场所的行为，确定的火灾发生部位是疏散预案的起点。没有组织的离开危险场所的行为只能叫逃生，不能称为疏散。

如表2.3所示为火灾探测报警时间与洒水喷头玻璃泡响应时间对照表，可以看出，火灾探测报警时间要早于自动灭火系统的启动时间。也就是说，人员疏散之后，只有火灾发展到一定程度，才需要启动自动灭火系统，自动灭火系统的主要功能是扑灭初期火灾、防止火灾扩散和蔓延，不能直接保护人们的生命财产安全，不能替代火灾自动报警系统的作用。

表2.3 火灾探测报警时间与洒水喷头玻璃泡响应时间（min）对照表

燃烧材料	规格	数量	烟感报警时间/min	报警时探测点温度/℃	中心点68℃时间/min	中心点达68℃时探测点温度/℃	时间差/min
聚氨酯	50×50×2	5	1:59	26.1	5:48	53.8	3:49
聚氨酯	50×50×2	4	2:00	26.3	4:03	52.6	2:03
山毛榉	75×25×20	20+21	11:20	18.9	没达到	34.2	—
山毛榉	75×25×20	10+500	10:04	17.6	58:38	60.1	48:34

注：点型感烟火灾探测器位于火源中心3 m远处；洒水喷口玻璃泡位于火源中心。

在保护建筑物及建筑物内的财产方面，火灾自动报警系统也起着不可替代的作用。眼下功能复杂的高层建筑、超高层建筑及大体量建筑比比皆是，其火灾危险性很大，一旦发生火灾会造成重大财产损失；保护对象内存放重要物质、物质燃烧后会产生严重污染及施加灭火剂后导致物质价值丧失的这些场所均应在保护对象内设置火灾预警系统，在火灾发生前，探测可能引起火灾的征兆特征，防止火灾发生或在火势很小尚未成灾时就及时报警。电气火灾监控系统和可燃气体探测报警系统均属火灾预警系统。

2.3 消防设施在火灾不同发展阶段的作用

建筑火灾从初期增长、充分发展到最终衰减的全过程，是随着时间的推移而变化的，然而受火灾现场可燃物、通风条件及建筑结构等多种因素的影响，建筑火灾各个阶段的发展以及从一个阶段发展至下一个阶段并不是一个时间函数，即发展过程所需的时间具有很大的不确定性。但是火灾在发展到特定的阶段时具有一定共性的火灾特征，建筑内设置的消防设施的消防功能是针对火灾不同阶段的火灾特征而展开的，这也是指导火灾探测报警、联动控制设计的基本设计思想。

2.3.1 火灾的早期探测和人员疏散

建筑火灾在初期增长阶段一般首先会释放大量的烟雾，设置在建筑内的感烟火灾探测器在监测到防护区域烟雾的变化时做出报警响应，并发出火灾警报警示建筑内的人员火灾事故的发生；启动消防应急广播系统指导建筑内的人员进行疏散，同时启动应急照明及疏散指示系统、防排烟系统为人员疏散提供必要的保障条件。

2.3.2 初期火灾的扑救

随着火灾的进一步发展，可燃物从阴燃状态发展为明火燃烧、伴有大量的热辐射，温度的升高会启动设置在建筑中的自动喷水灭火系统；或导致火灾区域设置的感温火灾探测器等动作，火灾自动报警系统按照预设的控制逻辑启动其他自动灭火系统对火灾进行扑救。

2.3.3 有效阻止火灾的蔓延

到充分发展阶段，火灾开始在建筑中蔓延，这时火灾自动报警系统将根据火灾探测器的动作情况按照预设的控制逻辑联动控制防火卷帘、防火门及水幕系统等防火分隔系统，以阻止火灾向其他区域蔓延。

综上所述，设计人员应首先根据保护对象的特点确定建筑的消防安全目标，系统设计的各个环节必须紧紧围绕设定的消防安全目标进行；同时设计人员应了解火灾不同阶段的特征，清楚建筑各消防系统（设施）的消防功能，并掌握火灾自动报警系统和其他消防系统在火灾时动作的关联关系，以保证各系统在火灾发生时，各建筑消防系统（设施）能按照设计要求协同、有效地动作，从而确保实现设定的消防安全目标。

3 基本规定

3.1 一般规定

火灾自动报警系统的设计目标就是要保护人民群众的生命和财产安全。本节为火灾自动报警系统设置的一般性规定，在 GB 50116—98《火灾自动报警系统设计规范》（以下简称 1998 版《火规》）的基础上结合社会进步、经济发展和消防产品升级换代的现状，GB 50116—2013《火灾自动报警系统设计规范》（以下简称新《火规》）特别强化了"以人为本，生命第一"的基本理念，具体条文的设置也更严格，更细化，更具可操作性。

3.1.1 系统设置原则

系统设备的设计及设置，要充分考虑我国国情和实际工程的使用性质、常住人员、流动人员，保护对象现场实际状况等因素，综合考量。

3.1.1.1 设置场所

火灾自动报警系统一般设置在工业与民用建筑内部和其他可对生命和财产造成危害的火灾危险场所，可用于人员居住和经常有人滞留的场所、存放重要物资或燃烧后产生严重污染，需要及时报警的场所。

GB 50016—2006《建筑设计防火规范》11.4.1 条（强条）对建筑物应设置火灾自动报警系统的场所进行了规定；GB 50045—95《高

层民用建筑设计防火规范》(2005年版)9.4.1条(强条)、9.4.2条(强条)、9.4.3条对高层建筑应设置火灾自动报警系统的场所进行了规定；GB 50229—2006《火力发电厂与变电站设计防火规范》11.5.20条(强条)对火力发电厂与变电站应设置火灾自动报警系统的场所进行了规定……

在经济、技术比较发达的国家，各种建筑物中都普遍设置了火灾自动报警系统，新《火规》也首次将住宅纳入需要设置火灾自动报警系统的场所。

火灾自动报警系统与自动灭火系统、消防应急照明及疏散指示系统、防排烟系统及防火分隔系统等其他消防分类设备一起构成了完整的建筑消防系统。

3.1.1.2 触发方式

在系统设计中，火灾自动报警系统应设有自动和手动两种触发装置。这里所说的自动触发装置如火灾探测器，手动触发装置如手动火灾报警按钮。

3.1.1.3 兼容性要求

系统中各类设备之间的接口和通信协议的兼容性应满足GB 22134—2008《火灾自动报警系统组件兼容性要求》等有关国家标准的要求，以保证系统的兼容性和可靠性。

现行国家标准GB 22134—2008规定了火灾自动报警系统组件兼容性和可连接性的要求，适用于火灾自动报警系统组件兼容性和可连接性的评估。所谓兼容性，即第一类组件与第一类组件连接工作的能力；所谓可连接性，即第二类组件与第一类组件连接工作的能力。第一类组件指国家标准或规范要求具有保护生命财产安全功能的装置；第二类组件指国家标准或规范没有要求具有保护生命财产安全功能的装置。

3.1.1.4 设备和地址总数

根据多年来对各类建筑中设置的火灾自动报警系统的实际运行情况，及火灾报警控制器的检验结果统计分析，任一台火灾报警控制器所连接的火灾探测器、手动火灾报警按钮和模块等设备总数和地址总数，均不应超过3 200点，这样，系统的稳定工作情况及通信效果均能较好地满足系统设计要求。

目前，国内外各厂家生产的火灾报警控制器，每台一般均有多个总线回路，考虑工作稳定性，每一总线回路连接设备的总数，即地址总数不应超过200点。设计人员在设计时应核算回路编址设备的地址总数，回路地址总数不应超过200点。在工程应用中，一个回路地址点只能对应一个独立的设备，不允许采用一个编址探测器母座配接多个非编址探测器，即多个探测器占用一个回路地址的方式。对于一个设备具有多个回路地址编码的情况，如一些厂家的多级报警探测器或多输入输出模块，在进行回路地址数量核算时，应计算每一个设备实际占用的回路地址数量。

考虑到许多建筑从施工图设计到最终的装修设计，建筑平面分隔可能发生变化，需要增加相应的探测器或其他设备，所以应留有不少于额定容量10%的余量，这也有利于该回路的稳定与可靠运行。

为了保障系统工作的稳定性、可靠性，规范对消防联动控制器所连接的模块地址数量也作出了限制，任一台消防联动控制器地址总数或火灾报警控制器（联动型）所控制的各类模块总数不应超过1 600点，每一联动总线回路连接设备的总数不宜超过100点，且应留有不少于额定容量10%的余量。这样的规定除考虑系统工作的稳定、可靠性外，还可灵活应对建筑中相应的变化和修改，而不至于因为局部的变化需要增加总线回路。

火灾探测器与联动控制现场设备的控制模块及接收受控设备动作反馈的输入模块的工作环境不尽相同，一般现场设备尤其是强电设备所处的环境比火灾探测器所处的环境要恶劣，模块易受现场受控设备的电磁辐射等干扰。为了保障系统运行的稳定性、可靠性，应对联动控制回路接口及传输线路的抗干扰能力提出更高的要求。同时火灾探测器和模块在火灾过程中所起的作用不同，对于传输线路的要求也不尽相同。因此火灾自动报警系统产品构成模式的发展趋势是：火灾自动报警系统的各功能区、各子系统相对独立构成，即火灾报警控制器和消防联动控制器分开设置，或报警总线和联动控制总线独立设置。

　　由于目前很多厂家的产品是采用探测报警和联动控制混用同一总线的系统构成模式，根据现有产品的技术现状，允许采用此模式。在线缆选择时要依据联动控制总线的要求；任一台火灾报警控制器所连接的火灾探测器、手动火灾报警按钮和模块等设备总数和地址总数，均不应超过3 200点，每一总线回路连接设备的总数不宜超过200点，其中所控制的各类模块总数不应超过1 600点，每一联动总线回路连接设备的总数不宜超过100点。

3.1.1.5 总线短路隔离的设置要求

　　在总线制火灾自动报警系统中，往往会出现某个现场部件故障而导致整个报警回路全线瘫痪的情况，所以将总线短路隔离器串入总线的各段或主线与支线的节点处，一旦某个现场部件出现故障，隔离器就会将发生故障的总线部分与整个回路隔离开来，以保证回路的其他部分能够正常工作，以最大限度地保障系统的整体功能不受故障部件的影响。当故障部分修复后，短路隔离器可自行恢复工作并将被隔离出去的部分重新纳入系统。同时，为了避免特定防火分区由于火灾原因导致现场总线部件损坏而造成总线短路，在总线穿越防火分区时，在穿越处设置总线短路隔离器以对短路区域的总线进行隔离，从而不影响其他防火分区现场总线部件的正常工作。

新《火规》规定：系统总线上应设置总线短路隔离器，每只总线短路隔离器保护的火灾探测器、手动火灾报警按钮和模块等消防设备的总数不应超过32点。总线穿越防火分区时，应在穿越处设置总线短路隔离器。

回路总线采用树形结构时，短路隔离器应采用并接方式设置在回路主干线上，主干线在穿越防火分区时不用设置短路隔离器，在主干线的分支处设置短路隔离器即可（图3.1）。回路总线采用环形结构时，采用自身带有总线短路隔离功能的探测器时，在总线上无需额外设置总线短路隔离器（图3.2）。

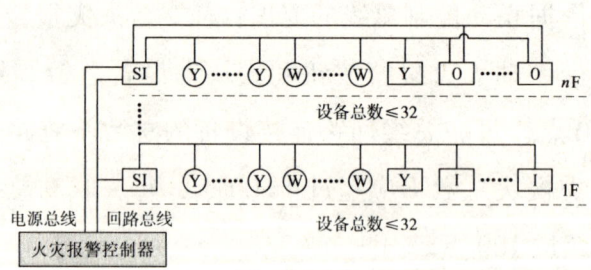

图3.1 树形结构总线短路隔离器接线示意图

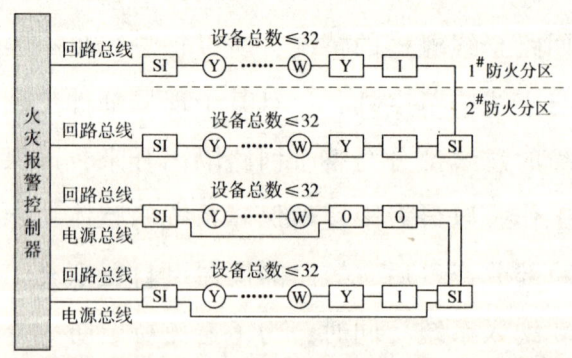

图3.2 环形结构总线短路隔离器接线示意图

对于短路隔离器的设置部位没有明确要求，设计人员可以根据实际情况将短路隔离器设置于模块箱内，或在设置部位附近设置尺寸不小于 100mm×100mm 的标识，以便于维修。

3.1.1.6 高度超过 100 m 的建筑火灾报警控制器的设置要求

对于高度超过 100 m 的建筑，由于其火灾扑救和人员疏散难度较大，为增强系统的安全管理及运行的可靠性，防止由于火灾原因导致的受控设备的误动作，系统构成模式宜采用集中区域模式，即在消防控制室设置起集中控制功能的火灾报警控制器，按避难层的划分情况设置区域火灾报警控制器，火灾报警控制器所连接的火灾探测器、手动报警按钮和模块等设备不应跨越火灾控制器所在区域的避难层，这时，消防控制室设置的起集中控制功能的火灾报警控制器连接的总线现场设备也不应跨越避难层。

3.1.1.7 地铁列车上设置的火灾自动报警系统

近几年，国内地铁建设十分迅速，由于地铁中人员密集、疏散难度与救援难度都非常大，因此有必要在地铁列车上设置火灾自动报警系统，以便及早发现火灾，并采取相应的疏散与救援预案。而地铁列车发生火灾的部位直接影响到疏散救援预案的制订，因此要求将发生火灾的部位传输给消防控制室。

3.1.2 设计提示

3.1.2.1 消防产品的准入要求

《中华人民共和国消防法》第二十四条规定消防产品必须符合国家标准；没有国家标准的，必须符合行业标准。禁止生产、销售或者使用不合格的消防产品以及国家明令淘汰的消防产品。因此火灾自动报警系统设计过程中涉及的消防产品的准入要求：设计选用符合国家有关标准和有关准入制度的产品。也就是说，国家对消防产品是有市场准入制度的，且制定并公布了实行强制性产品认证的消防产品目录。对于尚未制定标准的新研制的消防产品，应经技术鉴定方可使用。

纳入强制性产品认证目录的产品应有强制性产品认证证书。未获得强制性产品认证证书或证书到期的企业不得擅自生产、销售相关消防产品。认证证书信息登陆中国消防产品信息网 http：//www.cccf.com.cn 后在产品信息页面下可查，证书的具体内容和状态以中国消防产品信息网上公布状态为准。

3.1.2.2 消防设备的启动方式

为保证消防水泵、防排烟风机等消防设备的运行可靠性，水泵控制柜、风机控制柜等消防电气控制装置不应采用变频启动方式。消防水泵的流量、扬程，防排烟风机的转数等设计参数均是按照其额定值计算的，为了保证消防功能的发挥，在紧急启动时，必须立即投入额定工作状态，也不允许采用软启动方式。

3.1.2.3 取消了1998版《火规》对系统保护对象分级的规定

新《火规》取消了1998版《火规》对系统保护对象分级的规定，明确给出了探测区域的划分、火灾自动报警系统形式的选择和设计要求、火灾探测器的具体设置部位等相关规定。

3.1.3 火灾自动报警系统工程图的基本内容

1）消防总平面图。

2）消防控制室平面布置图。

3）各个楼层火灾探测器、手动报警按钮平面布置及接线图。

4）火灾报警与消防设备联动控制系统图：

① 火灾警报、显示联动控制图；

② 防火卷帘门联动控制图；

③ 电磁锁联动控制图；

④ 电梯联动控制图；

⑤ 消防泵、喷淋泵联动控制图；

⑥ 消火栓联动控制图；

⑦ 压力开关联动控制图；

⑧ 水流指示器、安全信号阀联动控制图；

⑨ 消防水箱、水池液位显示；

⑩ 防排烟联动控制图；

⑪ 强启应急照明、切除非消防电源联动控制图；

⑫ 消防电话平面图；

⑬ 自动灭火联动控制图。

5）消防应急广播系统图、平面图。

6）可燃气体探测报警系统图、平面图。

7）电气火灾监控系统图、平面图。

根据工程项目的情况，部分包含或不限于上述内容。

3.2 系统形式的选择和设计要求

火灾自动报警系统的形式和设计要求与保护对象及消防安全目标的设立直接相关，正确理解火灾发生、发展的过程和阶段，对合理设计火灾自动报警系统有着十分重要的指导意义。

3.2.1 系统形式的分类和适用范围

随着消防技术的日益发展，现今的火灾自动报警系统已不仅是一种先进的火灾探测报警与消防联动控制设备，同时也成为建筑消防设施实现现代化管理的重要基础设施，是建筑消防安全系统的核心组成部分，除担负火灾探测报警和消防联动控制的基本任务外，还具有对相关消防设备实现状态监测、管理和控制的功能。

火灾自动报警系统根据保护对象及设立的消防安全目标不同，分为区域报警系统、集中报警系统、控制中心报警系统3种形式。

3.2.2 系统形式的选择

设定的安全目标直接关系到火灾自动报警系统形式的选择：

1）仅需要报警，不需要联动自动消防设备的保护对象宜采用区域报警系统。

对于确认火灾后，不需要利用通过总线控制模块控制（即通过消防联动方式控制），而是利用火灾报警控制器的控制输出触点实现控制的切非消防电源、启动开窗机、启动非集中控制型消防应急照明和疏散指示系统配电箱或集中控制型消防应急照明和疏散指示控制器的火灾自动报警系统属于区域报警系统。

2）不仅需要报警，同时需要联动自动消防设备，且只设置一台具有集中控制功能的火灾报警控制器和消防联动控制器的保护对象，应采用集中报警系统，并应设置一个消防控制室。

3）设置两个及以上消防控制室的保护对象，或已设置两个及以上集中报警系统的保护对象，应采用控制中心报警系统。

控制中心报警系统一般适用于建筑群或体量很大的保护对象，这些保护对象中可能设置几个消防控制室，也可能由于分期建设而采用不同企业的产品或同一企业不同系列的产品，或由于系统容量限制而设置了多个起集中作用的火灾报警控制器等，这些情况下均应选择控制中心报警系统。

3.2.3 系统构成的一般要求

新《火规》改变传统的系统构成模式要求，系统可以根据工程的实际情况采用对等网络和集中区域的系统构成模式，如图3.3、图3.4所示。

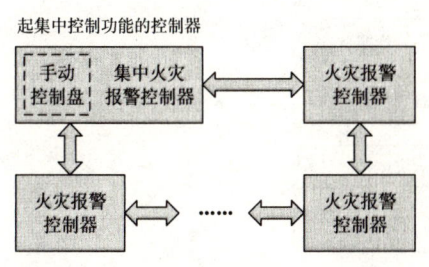 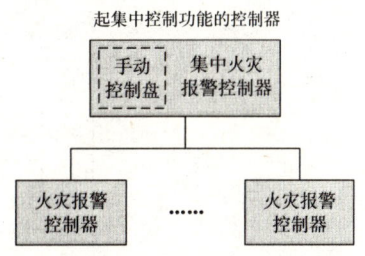

图 3.3 对等式网络集中报警系统　　图 3.4 集中区域式集中报警系统

根据火灾自动报警系统产品的技术及标准体系的发展趋势，构成火灾自动报警的功能区和各子系统，应根据各自的消防功能构成相对独立子系统，并将子系统的运行状态信息在消防控制室图形显示装置上集中显示（图 3.5、图 3.6）。

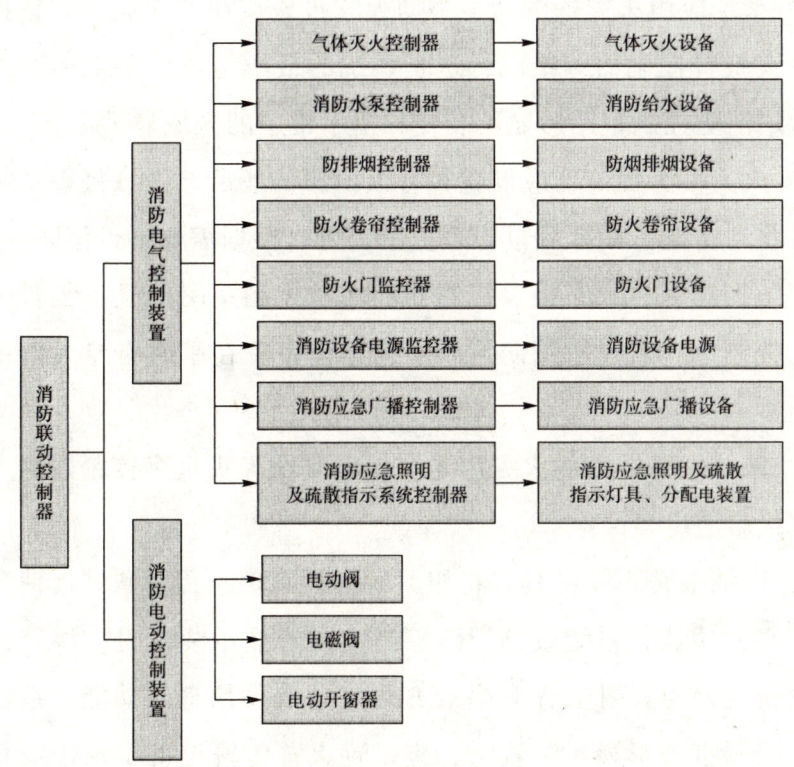

图 3.5 系统功能区、子系统按功能相对独立构成

25

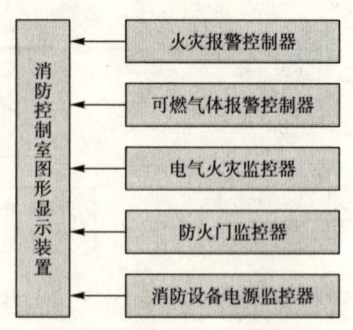

图 3.6　系统功能区、子系统集中显示

3.2.4　系统设计要求

3.2.4.1　区域报警系统

区域报警系统的设计要求：

1）系统应由火灾探测器、手动火灾报警按钮、火灾声光警报器及区域火灾报警控制器等组成，这是系统的最小组成。系统还可以根据需要增加消防控制室图形显示装置和指示楼层的区域显示器。

2）火灾报警控制器应设置在有人值班的场所。区域报警系统不具有消防联动功能。在区域报警系统里，可以根据需要不设消防控制室。若有消防控制室，火灾报警控制器和消防控制室图形显示装置应设置在消防控制室；若没有消防控制室，则应设置在平时有专人值班的房间或场所。

3）区域报警系统的火灾声光警报器应由火灾报警控制器的火警继电器直接启动。

4）区域报警系统应具有将相关运行状态信息传输到城市消防远程监控中心的功能。系统设置消防控制室图形显示装置时，该装置应具有传输新《火规》附录 A 和附录 B 规定的有关信息的功能；系统未设置消防控制室图形显示装置时，应设置火警传输设备实现传输新《火规》附录 A 和附录 B 规定的有关信息的功能。

区域报警系统组成示意如图 3.7 所示。

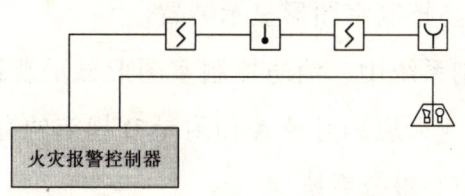

图 3.7 区域报警系统组成示意

3.2.4.2 集中报警系统

集中报警系统设计要求：

1）系统应由火灾探测器、手动火灾报警按钮、火灾声光警报器、消防应急广播、消防专用电话、消防控制室图形显示装置、火灾报警控制器、消防联动控制器等组成，这是系统的最小组成，可以选用火灾报警控制器和消防联动控制器组合或火灾报警控制器（联动型）。

2）系统中的火灾报警控制器、消防联动控制器和消防控制室图形显示装置、消防应急广播的控制装置、消防专用电话总机等起集中控制作用的消防设备，应设置在消防控制室内。

3）由于新《火规》对火灾报警控制器的容量进行了限制，在一些采用集中报警系统形式的大型项目中可能需要设置多台火灾报警控制器，这些控制器可以根据实际情况组成对等式网络结构，但必须确定一台起集中控制作用的火灾报警控制器；或组成集中区域式系统结构。

4）对于建筑重要消防设施的专线手动控制必须由起集中控制作用的火灾报警控制器实现；建筑中电动排烟阀、挡烟垂壁等消防设施的联动控制，可根据实际情况由其他火灾报警控制器通过预设的控制逻辑启动其连接的总线控制模块实现。

5）起集中控制作用的火灾报警控制器应接收其他火灾报警控制器

的报警、故障、隔离及联动控制等运行状态信息，并按要求将系统的运行信息传输给消防控制室图形显示装置。

6) 在集中控制系统中，消防控制室图形显示装置是必备设备，由该设备实现传输新《火规》附录A和附录B规定的有关信息的功能。

3.2.4.3 控制中心报警系统

控制中心报警系统的设计要求：

1) 有两个及以上消防控制室时，应确定一个主消防控制室，对其他消防控制室进行管理，应根据建筑的实际使用情况界定消防控制室的级别。

主消防控制室内应能集中显示保护对象内所有的火灾报警部位信号和联动控制状态信号，并能显示设置在各分消防控制室内的消防设备的状态信息。为了便于消防控制室之间的信息沟通和信息共享，各分消防控制室内的消防设备之间可以互相传输、显示状态信息；同时为了防止各个消防控制室的消防设备之间的指令冲突，规定分消防控制室的消防设备之间不应互相控制。一般情况下，整个系统中共同使用的水泵等重要消防设备可根据消防安全的管理需求及实际情况，由最高级别的消防控制室统一控制，但对于建筑群，水泵也可由就近的分消防控制室实现手动专线控制及联动控制；防排烟风机等重要消防设备可根据建筑消防控制室的管控范围划分情况，由相应的消防控制室实现手动专线控制及联动控制；主消防控制室可通过跨区联动的方式对其他分消防控制室控制的重要消防设备实施联动控制（其他设备不建议采用跨区联动控制方式）。以上是规范的最低要求，条件具备时，也可由各消防控制室分别采用手动专线启动消防水泵。

2) 集中报警系统和控制中心报警系统的区别：控制中心报警系统

适用于设置了两个及以上消防控制室或设置了两个及以上集中报警系统的保护对象；而集中报警系统适用于只有一个消防控制室的保护对象，且系统中只设置了一台起集中控制作用的火灾报警控制器。在系统组成上，控制中心报警系统与集中报警系统类似，可以根据实际情况采用对等网络或集中区域模式，或两种模式的组合。

3) 在控制中心报警系统里，消防控制室图形显示装置是必备设备，由该设备实现传输新《火规》附录 A 和附录 B 规定的有关信息的功能。同时提醒设计人员注意，消防控制室图形显示装置除具有传输上述信息的功能外，还具有实时显示上述信息的功能，因此在消防控制室图形显示装置的设置环节应注意以下几点：

① 在控制中心报警系统中各消防控制室均应设置消防控制室图形显示装置，且应单独组网。

② 由主消防控制室设置的消防控制室图形显示装置实现集中传输和显示该保护对象新《火规》附录 A 和附录 B 规定的有关信息的功能，分消防控制室设置的消防控制室图形显示装置显示该消防控制室的管控范围内新《火规》附录 A 和附录 B 规定的有关信息。

③ 分消防控制器管控范围的火灾自动报警系统的运行状态信息，由分消防控制室设置的火灾报警控制器传至主消防控制室设置的火灾报警控制器。

④ 接入分消防控制室设置的消防控制室图形显示装置的消防水池液位报警、防火门闭合状态等监管信息，由该消防控制室图形显示装置传输至主消防控制室设置的消防控制室图形显示装置。

4) 控制中心报警系统的其他设计应符合集中报警系统的设计要求。

控制中心报警系统如图 3.8 所示。

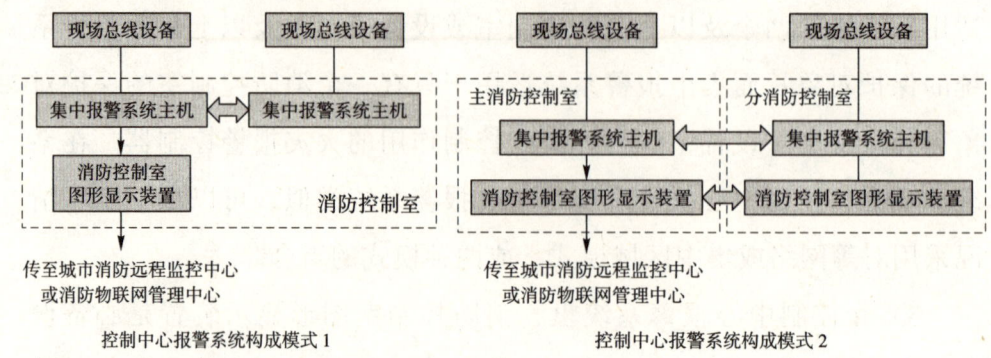

图 3.8 控制中心报警系统

3.3 报警区域和探测区域的划分

3.3.1 报警区域、探测区域的概念

报警区域：将火灾自动报警系统的警戒范围按防火分区或楼层等划分的单元。

探测区域：将报警区域按探测火灾的部位划分的单元。

3.3.2 报警区域的划分

通过报警区域把建筑的防火分区同火灾自动报警系统有机地联系起来。报警区域的划分主要是为了迅速确定报警及火灾发生部位，并解决消防系统的联动设计问题。发生火灾时，发生火灾的防火分区及相邻的防火分区的消防设备需要联动协调工作。在火灾自动报警系统设计中，首先就是要正确地划分报警区域，确定相应的报警系统，才能使报警系统及时、准确地报出火灾发生的具体部位，就近采取措施，扑灭火灾。在美国、英国、日本、德国等发达国家，为了适合本国的建筑风格，都在本国的火灾自动报警系统设计规范中，对报警区域作了明确规定。例如，德国标准规定：安全防护区域必须划分为若干报警区域，而报警区域的划分应以能迅速确定报警及火灾发生的部位为原则。根据国内、外的经验和我国消防法规的体系情况，在划分报警区域时要充分考虑建筑设计防火规范（包括 GB 50045—95《高层民用建筑设计防火规范》2005 年版、GB 50016—2006《建筑设计防火规范》等）中有"防火分区"的概念，报警区域应以防火分区为基础。按常规，每个报警区域应设置一台区域报警控制器或区域显示盘，报警区域一般不得跨越楼层。因此，除了高层公寓和塔楼式住宅，一台区域报警控制器所警戒的范围一般也不得跨越楼层。

新《火规》对报警区域的划分作出如下要求：

1) 报警区域应根据防火分区或楼层划分；可将一个防火分区或一个楼层划分为一个报警区域，也可将发生火灾时需要同时联动消防设备的相邻几个防火分区或楼层划分为一个报警区域。

2) 电缆隧道的一个报警区域宜由一个封闭长度区间组成，一个报警区域不应超过相连的 3 个封闭长度区间；道路隧道的报警区域应根据排烟系统或灭火系统的联动需要确定，且不宜超过 150 m。

3) 甲、乙、丙类液体储罐区的报警区域应由一个储罐区组成，每个 50 000 m³ 及以上的外浮顶储罐应单独划分为一个报警区域。

4) 列车的报警区域应按车厢划分，每节车厢应划分为一个报警区域。

3.3.3 探测区域的划分

每一个探测区域对应在火灾报警控制器（或楼层显示盘）上显示一个部位号，这样才能迅速而准确地探测出火灾报警的具体部位。因此，在被保护的报警区域内应按顺序划分探测区域。国外规范也是这样规定的。

探测区域是火灾自动报警系统的最小单位，代表了火灾报警的具体部位。它能帮助值班人员及时、准确地到达火灾现场，采取有效措施，扑灭火灾。因此，在火灾自动报警系统设计时，必须严格按规范要求，正确划分探测区域。

为了迅速而准确地探测出被保护区内发生火灾的部位,需将被保护区按顺序划分成若干探测区域。探测区域的划分应符合下列规定:

1) 探测区域应按独立房(套)间划分。一个探测区域的面积不宜超过 500 m²;从主要入口能看清其内部,且面积不超过 1 000 m² 的房间,也可划为一个探测区域。

2) 红外光束感烟火灾探测器和缆式线型感温火灾探测器的探测区域的长度,不宜超过 100 m;空气管差温火灾探测器的探测区域长度宜为 20 ~ 100 m。

3.3.4 应单独划分探测区域的场所

1) 敞开或封闭楼梯间、防烟楼梯间,属与疏散直接相关的场所。

2) 防烟楼梯间前室、消防电梯前室、消防电梯与防烟楼梯间合用的前室、走道、坡道,属与疏散直接相关的场所。

3) 电气管道井、通信管道井、电缆隧道,属隐蔽部位。

为便于条文的执行和理解,新《火规》将 1998 版《火规》中的管道井细化为电气管道井和通信管道井。

4) 建筑物闷顶、夹层,属隐蔽部位。

3.4 消防控制室

消防控制室是建筑消防系统的信息中心、控制中心、日常运行管理中心和各自动消防系统运行状态监视中心,也是建筑发生火灾和日常火灾演练时的应急指挥中心。在有城市远程监控系统的城市,消防控制室也是建筑与监控中心的接口。

3.4.1 消防控制室设置条件

设置消防控制室(如图 3.9 所示)的理由与条件:具有消防联动功能的火灾自动报警系统的保护对象中应设置消防控制室。

图 3.9 消防控制室

消防控制室的设置应符合下列规定：

1) 单独建造的消防控制室，其耐火等级不应低于二级。

2) 附设在建筑内的消防控制室，宜设置在建筑内首层的靠外墙部位，亦可设置在建筑物的地下一层，但应采用耐火极限不低于 2.00 h 的隔墙和不低于 1.50 h 的楼板与其他部位隔开，并应设置直通室外的安全出口。

3) 单一功能的消防控制室，严禁与消防控制室无关的电气线路和管路穿过。

4) 不应设置在电磁场干扰较强及其他可能影响消防控制设备工作的设备用房附近。

3.4.2 设计要求

每个建筑使用性质和功能各不相同，其包括的消防控制设备也不尽相同。作为消防控制室，应集中控制、显示和管理建筑内的所有消防设施，包括火灾报警和其他联动控制装置的状态信息，并能将状态信息通过网络或电话传输到城市建筑消防设施远程监控中心。

消防控制室内设置的消防设备应包括火灾报警控制器、消防联动控制器、消防控制室图形显示装置、消防专用电话总机、消防应急广播控制装置、消防应急照明和疏散指示系统控制装置、消防电源监控器等设备，或具有相应功能的组合设备。消防控制室内设置的消防控制室图形显示装置应能显示表3.1规定的建筑物内设置的全部消防系统及相关设备的动态信息和表3.2规定的消防安全管理信息，并应为远程监控系统预留接口，同时应具有向远程监控系统传输表3.1和表3.2规定的有关信息的功能。

表3.1 火灾报警、建筑消防设施运行状态信息表

设施名称		内 容
火灾探测报警系统		火灾报警信息、可燃气体探测报警信息、电气火灾监控报警信息、屏蔽信息、故障信息
消防联动控制系统	消防联动控制器	动作状态、屏蔽信息、故障信息
	消火栓系统	消防水泵电源的工作状态，消防水泵的启、停状态和故障状态，消防水箱（池）水位、管网压力报警信息及消火栓按钮的报警信息
	自动喷水灭火系统、水喷雾（细水雾）灭火系统(泵供水方式)	喷淋泵电源工作状态，喷淋泵的启、停状态和故障状态，水流指示器、信号阀、报警阀、压力开关的正常工作状态和动作状态
	气体灭火系统、细水雾灭火系统（压力容器供水方式）	系统的手动、自动工作状态及故障状态，阀驱动装置的正常工作状态和动作状态，防护区域中的防火门（窗）、防火阀、通风空调等设备的正常工作状态和动作状态，系统的启、停信息，紧急停止信号和管网压力信号
	泡沫灭火系统	消防水泵、泡沫液泵电源的工作状态，系统的手动、自动工作状态及故障状态，消防水泵、泡沫液泵的正常工作状态和动作状态
	干粉灭火系统	系统的手动、自动工作状态及故障状态，阀驱动装置的正常工作状态和动作状态，系统的启、停信息，紧急停止信号和管网压力信号
	防烟排烟系统	系统的手动、自动工作状态，防烟排烟风机电源的工作状态，风机、电动防火阀、电动排烟防火阀、常闭送风口、排烟阀（口）、电动排烟窗、电动挡烟垂壁的正常工作状态和动作状态

续表 3.1

设施名称		内 容
消防联动控制系统	防火门及卷帘系统	防火卷帘控制器、防火门监控器的工作状态和故障状态；卷帘门的工作状态，具有反馈信号的各类防火门、疏散门的工作状态和故障状态等动态信息
	消防电梯	消防电梯的停用和故障状态
	消防应急广播	消防应急广播的启动、停止和故障状态
	消防应急照明和疏散指示系统	消防应急照明和疏散指示系统的故障状态和应急工作状态信息
	消防电源	系统内各消防用电设备的供电电源和备用电源工作状态和欠压报警信息

表 3.2 消防安全管理信息表

序号	名 称		内 容
1	基本情况		单位名称、编号、类别、地址、联系电话、邮政编码，消防控制室电话；单位职工人数、成立时间、上级主管（或管辖）单位名称、占地面积、总建筑面积、单位总平面图（含消防车道、毗邻建筑等）；单位法人代表、消防安全责任人、消防安全管理人及专兼职消防管理人的姓名、身份证号码、电话
2	主要建（构）筑物等信息	建（构）筑物	建筑物名称、编号、使用性质、耐火等级、结构类型、建筑高度、地上层数及建筑面积、地下层数及建筑面积、隧道高度及长度等、建造日期、主要储存物名称及数量、建筑物内最大容纳人数、建筑立面图及消防设施平面布置图；消防控制室位置，安全出口的数量、位置及形式（指疏散楼梯）；毗邻建筑的使用性质、结构类型、建筑高度、与本建筑的间距
		堆场	堆场名称、主要堆放物品名称、总储量、最大堆高、堆场平面图（含消防车道、防火间距）
		储罐	储罐区名称、储罐类型（指地上、地下、立式、卧式、浮顶、固定顶等）、总容积、最大单罐容积及高度、储存物名称、性质和形态、储罐区平面图（含消防车道、防火间距）
		装置	装置区名称、占地面积、最大高度、设计日产量、主要原料、主要产品、装置区平面图（含消防车道、防火间距）
3	单位（场所）内消防安全重点部位信息		重点部位名称、所在位置、使用性质、建筑面积、耐火等级、有无消防设施、责任人姓名、身份证号码及电话

35

续表 3.2

序号	名称		内容
4	室内外消防设施信息	火灾自动报警系统	设置部位、系统形式、维保单位名称、联系电话;控制器(含火灾报警、消防联动、可燃气体报警、电气火灾监控等)、探测器(含火灾探测、可燃气体探测、电气火灾探测等)、手动火灾报警按钮、消防电气控制装置等的类型、型号、数量、制造商;火灾自动报警系统图
		消防水源	市政给水管网形式(指环状、支状)及管径、市政管网向建(构)筑物供水的进水管数量及管径、消防水池位置及容量、屋顶水箱位置及容量、其他水源形式及供水量、消防泵房设置位置及水泵数量、消防给水系统平面布置图
		室外消火栓	室外消火栓管网形式(指环状、支状)及管径、消火栓数量、室外消火栓平面布置图
		室内消火栓系统	室内消火栓管网形式(指环状、支状)及管径、消火栓数量、水泵接合器位置及数量、有无与本系统相连的屋顶消防水箱
		自动喷水灭火系统(含雨淋、水幕)	设置部位、系统形式(指湿式、干式、预作用、开式、闭式等)、报警阀位置及数量、水泵接合器位置及数量、有无与本系统相连的屋顶消防水箱、自动喷水灭火系统图

3.4.3 消防控制室内设备的布置

根据对重点城市、重点工程消防控制室设置情况的调查,不同地区、不同工程消防控制室的规模差别很大,控制室面积有的大到 60~80 m²,有的小到 10 m²。面积大了造成一定的浪费,面积小了又影响消防值班人员的工作。为满足消防控制室值班维修人员工作的需要,便于设计部门各专业协调工作,参照建筑电气设计的有关规程,新《火规》从使用的角度对建筑内消防控制设备的布置及操作、维修所必需的空间作了原则性规定,以便使建设、设计、规划等有章可循,使消防控制室的设计既满足工作的需要,又避免浪费。

消防控制室内设备的布置要求(如图 3.10 所示):

1) 设备面盘前的操作距离,单列布置时不应小于 1.5 m;双列布置时不应小于 2 m。

2) 在值班人员经常工作的一面,设备面盘至墙的距离不应小于 3 m。

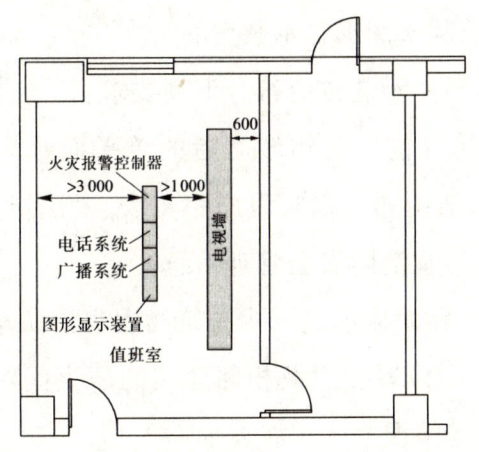

图 3.10 消防控制室内设备的布置要求

3) 设备面盘后的维修距离不宜小于 1 m。

4) 设备面盘的排列长度大于 4 m 时,其两端应设置宽度不小于 1 m 的通道。

5) 与建筑其他弱电系统合用的消防控制室内,消防设备应集中设置,并应与其他设备间有明显间隔。

安全防范系统可以帮助消防管理人员快速确认火灾,为灭火救援提供相应的信息,属消防系统的关联系统,为了有效保障建筑的安全,消防控制室可以和安全技术监控室合用,构成安防监控中心,其他与消防灭火救援有关联的弱电系统,也可以根据管理的需要与安防监控中心合用,但在各系统的线路敷设时应有一定的物理分隔,不同系统的线路不能交叉敷设。

3.4.4 消防控制室的显示与控制

消防控制室的显示与控制,应符合现行国家标准 GB 25506《消防控制室通用技术要求》的有关规定。《消防控制室通用技术要求》适用于 GB 50116 中规定的集中报警系统、控制中心报警系统中的消防控制室或消防控制中心。

3.4.4.1 消防控制室图形显示装置

消防控制室图形显示装置应符合下列要求：

1）应能显示建（构）筑物竣工后的总平面布局图、应急疏散预案、消防安全组织结构图、消防设施一览表、设备运行状况、接报警记录等有关管理信息及消防安全管理信息。

2）应能用同一界面显示建（构）筑物周边消防车道、消防登高车操作场地、消防水源位置，以及相邻建筑的防火间距、建筑面积、建筑高度、使用性质等情况。

3）应能显示消防系统及设备的名称、位置，火灾探测报警系统、消防联动控制、消防电话总机、消防应急广播系统、消防应急照明和疏散指示系统控制装置、消防电源监控器的动态信息。

4）当有火灾报警信号、监管报警信号、反馈信号、屏蔽信号、故障信号输入时，应有相应状态的专用总指示，在总平面布局图中应显示输入信号的建（构）筑物的位置，在建筑平面图上应显示输入信号所在的位置和名称，并记录时间、信号类别和部位等信息。

5）应在10 s内显示输入的火灾报警信号和反馈信号的状态信息，100 s内显示其他输入信号的状态信息。

6）应采用有中文标注的界面或中文界面，界面对角线长度不应小于430 mm。

7）应能显示可燃气体探测报警系统、电气火灾监控系统的报警信息、故障信息和相关联动反馈信息。

3.4.4.2 火灾探测报警系统

火灾报警控制器应能显示火灾探测器、火灾显示盘、手动火灾报警按钮的正常工作状态、火灾报警状态、屏蔽状态及故障状态等相关信息；应能控制火灾声和（或）光警报器启动和停止。

3.4.4.3 消防联动控制系统

1）应能将消防系统及设备的状态信息传输到消防控制室图形显示装置。

2）对自动喷水灭火系统的控制和显示。

3）对消火栓系统的控制和显示。

4）对气体灭火系统的控制和显示。

5）对水喷雾、细水雾灭火系统的控制和显示。

6）对泡沫灭火系统的控制和显示。

7）对干粉灭火系统的控制和显示。

8）对防烟排烟系统及通风空调系统的控制和显示。

9）对防火门及防火卷帘系统的控制和显示。

10）对电梯的控制和显示。

3.4.4.4 消防电话总机

应能显示消防电话的故障状态，并能将故障状态信息传输给消防控制室图形显示装置。

3.4.4.5 消防应急广播系统装置

应能显示处于应急广播状态的广播分区、预设广播信息；应能分别通过手动和按照预设控制逻辑自动控制选择广播分区、启动或停止应急广播，并在扬声器进行应急广播时自动对广播内容进行录音；应能显示应急广播的故障状态，并能将故障状态信息传输给消防控制室图形显示装置。

3.4.4.6 消防应急照明和疏散指示系统控制装置

应能手动控制自带电源型消防应急照明和疏散指示系统的主电工作状态和应急工作状态的转换；应能分别通过手动和自动控制集中电源型消防应急照明和疏散指示系统及集中控制型消防应急照明和疏散指示系统从主电工作状态切换到应急工作状态；受消防联动控制器控

制的系统应能将系统的故障状态和应急工作状态信息传输给消防控制室图形显示装置；不受消防联动控制器控制的系统应能将系统的故障状态和应急工作状态信息传输给消防控制室图形显示装置。

3.4.4.7 消防电源监控器

应能显示消防用电设备的供电电源和备用电源的工作状态和欠压报警信息；应能显示消防用电设备的供电电源和备用电源的工作状态和故障报警信息，并传输给消防控制室图形显示装置。

3.4.5 消防控制室的信息记录、信息传输

消防控制室的信息记录、信息传输，应符合现行国家标准GB 25506《消防控制室通用技术要求》的有关规定。

消防控制室信息记录要求：

1) 应记录建筑消防设施运行状态信息，记录容量不应少于10 000条，记录备份后方可被覆盖。

2) 应记录产品维护保养的内容和时间、系统程序的进入和退出时间、操作人员姓名或代码等内容，存储记录容量不应少于10 000条，记录备份后方可被覆盖。

3) 应记录消防安全管理信息及系统内各个消防设备（设施）的制造商、产品有效期，存储记录容量不少于10 000条，记录备份后方可被覆盖。

4) 应能对历史记录打印归档或刻录存盘归档。

信息传输要求：

1) 消防控制室图形显示装置应能在接收到火灾报警信号或联动信号后10 s内将相应信息按规定的通信协议格式传送给监控中心。

2) 消防控制室图形显示装置应能在接收到建筑消防设施运行状态信息后100 s内将相应信息按规定的通信协议格式传送给监控中心。

3) 当具有自动向监控中心传输消防安全管理信息功能时，消防控制室图形显示装置应能在发出传输信息指令后100 s内将相应信息按规定的通信协议格式传送给监控中心。

4）消防控制室图形显示装置应能接收监控中心的查询指令并按规定的通信协议格式将建筑消防设施运行状态信息、消防安全管理信息传送给监控中心。

5）消防控制室图形显示装置应有信息传输指示灯，在处理和传输信息时，该指示灯应闪亮，在得到监控中心的正确接收确认后，该指示灯应常亮并保持直至该状态复位。当信息传送失败时应有声、光指示。

6）火灾报警信息应优先于其他信息传输。

7）消防控制室的信息传输不应受保护区域内消防系统及设备任何操作的影响。

3.4.6 消防控制室资料

消防控制室内应保存下列纸质和电子档案资料：

1）建（构）筑物竣工后的总平面布局图、建筑消防设施平面布置图、建筑消防设施系统图及安全出口布置图、重点部位位置图等。

2）消防安全管理规章制度、应急灭火预案、应急疏散预案等。

3）消防安全组织结构图，包括消防安全责任人，管理人，专职、义务消防人员等内容。

4）消防安全培训记录、灭火和应急疏散预案的演练记录。

5）值班情况、消防安全检查情况及巡查情况的记录。

6）消防设施一览表，包括消防设施的类型、数量、状态等内容。

7）消防系统控制逻辑关系说明、设备使用说明书、系统操作规程、系统和设备维护保养制度等。

8）设备运行状况、接报警记录、火灾处理情况、设备检修检测报告等资料。

这些资料应能定期保存和归档。

3.4.7 消防控制室管理及应急程序

消防控制室管理应实行每日24 h专人值班制度，每班不应少于2人；火灾自动报警系统和灭火系统应处于正常工作状态；高位消防水箱、消防水池、气压水罐等消防储水设施应水量充足，消防泵出水管阀门、自动喷水灭火系统管道上的阀门常开；消防水泵、防排烟风机、防火卷帘等消防用电设备的配电柜开关处于自动（接通）位置。

消防控制室的值班应急程序：接到火灾警报后，值班人员应立即以最快方式确认；在火灾确认后，立即将火灾报警联动控制开关转入自动状态（处于自动状态的除外），同时拨打"119"报警；立即启动单位内部应急疏散和灭火预案，同时报告单位负责人。

3.4.8 其他

1) 消防控制室应设有用于火灾报警的外线电话，以便于确认火灾后及时报警得到消防部队的救援。

2) 消防控制室是平常以及发生火灾时都必须保证运行的地方，需要绝对的安全。发生火灾的情况下，空调系统的送、排风管很快成为高温烟气快速流动的通道，为了确保消防控制室的安全，在通风管道上应设置防火阀。

3) 为了确保消防控制室的安全，应尽量避免和减少各种可能影响消防设备运行的安全隐患。强电线路电压等级比火灾自动报警系统等电子设备高，应尽量隔离，水管的隐患更是不言而喻。因此，不是直接服务于消防控制室的管线（包括电缆、电线、水管、风管）都不应穿过。

4) 电磁场可能干扰火灾自动报警系统设备的正常工作，所以，为保证系统设备正常运行，要求消防控制室周围不布置场强超过消防控制室设备承受能力的其他设备用房。

4 消防联动控制设计

消防联动控制设计仅针对自动喷水灭火系统、消火栓系统、气体（泡沫）灭火系统、防烟排烟系统、防火门及防火卷帘系统、电梯、火灾警报和消防应急广播系统、消防应急照明和疏散指示系统以及其他相关系统的联动控制设计，各自动消防设施及系统的设计应按照相应的现行国家标准规范执行。

4.1 一般规定

4.1.1 消防联动控制方式

消防联动控制，一般分为集中控制和分散与集中控制相结合两种方式。

4.1.1.1 集中控制方式

消防联动控制系统中的所有控制对象，都是通过消防控制室进行集中控制和统一管理的。如消防水泵、送排风机、防排烟风机、防火卷帘、防火阀以及其他自动灭火控制装置等的控制和反馈信号，均由消防控制室集中控制和显示，这种控制方式适用于保护对象为独栋建筑的集中报警系统。

4.1.1.2 分散与集中控制相结合的方式

消防联动控制系统中的控制对象特别多且位置也很分散，如有大量的防排烟风机、预作用阀组、雨淋阀、水幕控制阀等。为了使控制系统简捷可靠，可根据保护对象的实际情况，采取分散与集中控制相结合的控制方式。此种控制方式适用于保护对象为建筑群的控制中心报警系统，消防水泵可根据消防水源和泵房的实际位置由就近的消防控制室（可为主消防控制室，也可为分消防控制室）控制；防排烟风机、预作用阀组、雨淋阀、水幕控制阀等消防设备、设施可根据各消防控制室的保护区域划分情况，由相应的消防控制室控制；所有受控消防设备、设施的联动控制信号和联动反馈信号应在主消防控制室集中显示，同时主消防控制室应能跨区控制由分消防控制室控制的消防水泵。

4.1.2 3种联动信号

消防联动系统中涉及3种重要的联动信号：

1）联动触发信号：消防联动控制器接收的用于逻辑判断的信号。

2）联动控制信号：由消防联动控制器发出的用于控制消防设备（设施）工作的信号。

3）联动反馈信号：受控消防设备（设施）将其工作状态信息发送给消防联动控制器的信号。

表4.1是3种联动信号的比较。

表4.1 3种联动信号

信号名称	信号发出方	信号接收方	作用
联动控制信号	消防联动控制器	消防设备（设施）	控制消防设备（设施）工作
联动反馈信号	受控消防设备（设施）	消防联动控制器	反馈受控消防设备（设施）工作状态
联动触发信号	有关设备	消防联动控制器	用于逻辑判断，当条件满足时，相关设备启停

当保护对象发生火灾等紧急情况时，火灾探测器、手动火灾报警按钮等现场部件作出报警响应，这些报警信号作为消防联动控制系统的触发信号传至消防联动控制器，消防联动控制器在接收到消防联动触发信号后，根据预先设定的逻辑进行判断，对受控的消防设备、设施发出消防联动控制信号，控制相应消防设备、设施按预设的要求动作；自动喷水灭火系统等自动消防系统中的相关设备、设施的工作状态信号，如自动喷水灭火系统和消火栓系统的压力开关动作信号、排烟系统的排烟阀的动作信号等是相应系统启动的触发信号，这些信号也属于联动触发信号的范畴，应传至消防联动控制器，参与系统联动控制的逻辑判断。

受控消防设备（设施）在接收到消防联动控制信号后，按预设的要求动作，完成相应的消防功能；受控的自动消防设备启动后，其工作状态信息作为该设备的联动反馈信号，应反馈到消防控制室，这样消防控制室才能及时掌握各类设备的工作状态。

4.1.3 设计要求

4.1.3.1 消防联动控制器

在火灾报警后经逻辑确认（或人工确认），消防联动控制器应在3 s内按设定的控制逻辑准确发出联动控制信号给相应的消防设备，当消防设备动作后将动作信号反馈给消防控制室并显示。

24 V电压是火灾自动报警系统中应用最普遍的电压，出于设备和人员安全问题考虑，消防联动控制器的电压控制输出应采用直流24 V，其电源容量应满足受控消防设备同时启动且维持工作的控制容量要求。除容量满足受控消防设备同时启动所需的容量外，还要满足传输线径要求，当线路压降超过5%时，其直流24 V电源应由现场提供。

由于目前工程中存在采用现场 24 V 电源供电的设备因故障或失效而发生误动作的情况，在消防控制室无法实现对故障部件的复位，因此建议消防控制室应能控制现场 24 V 电源的开启和关闭，现场 24 V 电源的工作状态应传至消防控制室。

4.1.3.2 兼容性

消防联动控制器与各个受控设备之间的接口参数应能够兼容和匹配，即消防联动控制器发出的消防联动控制信号应与受控设备接口间满足 GB 22134—2008《火灾自动报警系统组件兼容性要求》等有关标准的要求。

4.1.3.3 可靠性

1）任何一种探测器对火灾的探测都有局限性，因此对可靠性要求较高的自动灭火设备（设施），采用单一探测形式的探测器不能保证自动灭火设备（设施）的可靠启动，从而带来不必要的损失。因此，需要火灾自动报警系统自动触发器件或人工触发器件的报警信号，作为联动触发信号联动控制的消防设备，其联动触发信号应采用两个报警触发装置报警信号的"与"逻辑组合。

闭式自动喷水灭火系统、消火栓系统、防排烟系统等系统按照系统的工作机理及使用特点由特定系统设备的状态信号作为系统联锁启动的触发信号，联锁启动消防水泵、防排烟风机；当系统联锁启动失效时，由消防联动控制系统联动控制启动相关系统，系统的联动触发信号应由上述系统特定系统设备的状态信号和火灾探测器或手动报警按钮报警信号的"与"逻辑作为系统的联动触发信号，联动控制系统的启动，即消防联动控制系统对闭式自动喷水灭火系统、消火栓系统、防排烟系统等系统的联动控制操作必须在有火灾报警的情况下方可执行。

不同探测器在不同的应用场所其报警信号的含义有所不同，感温火灾探测器直接用于探测物体温度变化，如堆垛监测内部温度变化、电缆温度变化等情况时，其报警信号是预警信号，单一的预警信号不能作为自动灭火设施的联动触发信号；监测空间温度的感温火灾探测器的报警信号表明火灾已经发展到应该启动自动灭火设施的程度了，这时点型感温火灾探测器用于确认火灾并联动自动灭火系统。

2）消防水泵、防烟和排烟风机等属于重要消防设备，其运行的可靠性直接关系到初期火灾扑救及人员安全疏散等消防功能的成功开展，因此，消防水泵、防烟和排烟风机的控制设备，除应采用联动控制方式外，还应在消防控制室设置手动直接控制装置。其手动直接控制应通过火灾报警控制器（联动型）或消防联动控制器的手动控制盘实现，盘上的启停按钮应与消防水泵、防烟和排烟风机的控制箱（柜）直接用控制线或控制电缆连接，手动直接控制线路的电压等级为直流24 V，消防水泵、防烟和排烟风机的控制箱（柜）的启动、停止按钮的电压等级为其他电压等级时，应在按钮处设置转换继电器，这点应引起设计人员的注意。

消防水泵、防烟和排烟风机的控制设备的联动控制是指通过总线编址模块按预设控制逻辑实现的自动控制，即这些设备除必须采用"硬线"的直接手动控制外，还需冗余采用总线编址模块进行联动控制，同时执行联动控制的控制模块应设置在受控设备处，这点应引起设计人员的注意。同时设计人员应着重考虑手动控制和自动控制接口环节相互匹配的问题，以免出现由于前一种控制方式联动控制操作的自锁功能，导致另一种控制方式的后续功能无法实现的情况（如自动控制方式启动水泵后，模块触点处于自锁状态，需控制器复位后方能恢复；手动控制的节点与自动控制节点设置不合理，在控制器未复位的情况下，可能无法手动控制水泵的停止）。

3）应复核选用受控设备的启动电流参数，尤其是风机、卷帘等感性负载瞬间启动的冲击电流，同时根据消防设备的启动电流参数，结合设计的消防供电线路负荷或消防电源的额定容量，分时启动电流较大的消防设备，以免消防设备启动的过电流导致消防供电线路和消防电源的过负荷。

4.2 自动喷水灭火系统的联动控制设计

自动喷水灭火系统是一种固定式自动灭火系统，是当今国际上应用最广、用量最多，造价低廉，最为有效的自救灭火设施，扑灭火灾成功率高，特别对扑灭初期火灾有很好的效果。主要应用于人员密集、不宜疏散、外部增援灭火与救生较困难的性质重要或火灾危险性较大的场所。

自动喷水灭火系统根据所使用喷头的型式，分为闭式自动喷水灭火系统和开式自动喷水灭火系统两大类；根据系统的用途和配置状况，又分为湿式系统、干式系统、雨淋系统、水幕系统、自动喷水与泡沫联用系统等。自动喷水灭火系统的分类见表4.2。

表4.2 自动喷水灭火系统的分类

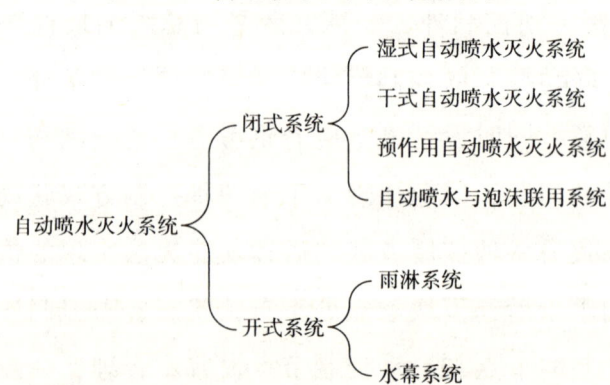

4.2.1 湿式自动喷水灭火系统

4.2.1.1 组 成

湿式自动喷水灭火系统（以下简称湿式系统）由闭式喷头、湿式报警阀组、水流指示器或压力开关、供水与配水管道以及供水设施等组成，在准工作状态时管道内充满用于启动系统的有压水。湿式系统的组成如图4.1所示。

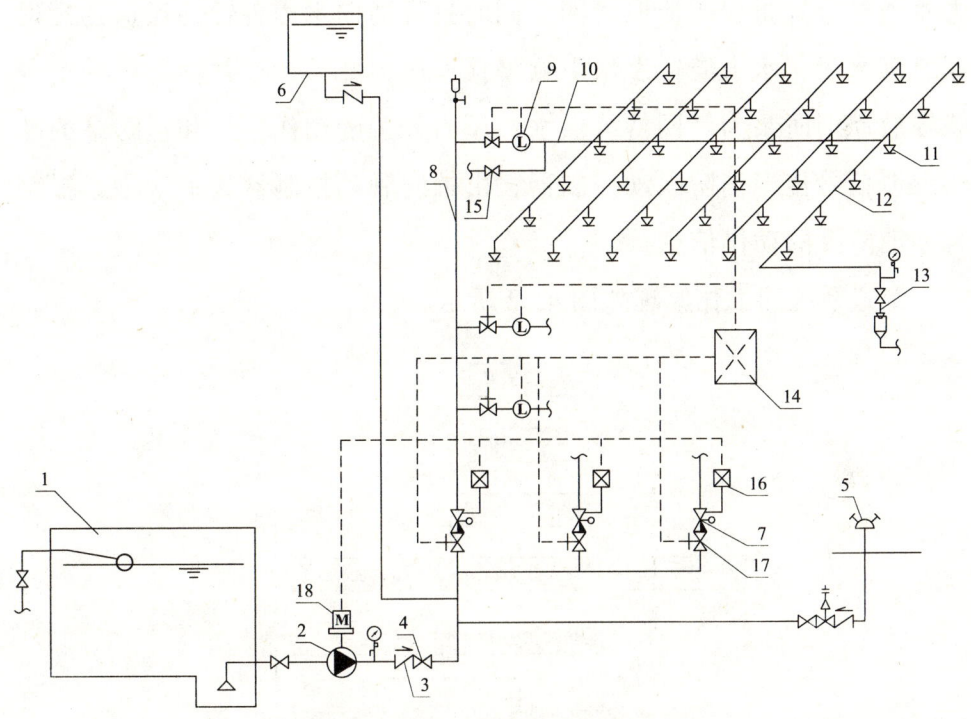

图4.1 湿式系统主要设备和组件

1—消防水池；2—水泵；3—止回阀；4—闸阀；5—水泵接合器；6—消防水箱；7—湿式报警阀组；8—配水干管；9—水流指示器；10—配水管；11—闭式喷头；12—配水支管；13—末端试水装置；14—报警控制器；15—泄水阀；16—压力开关；17—信号阀；18—驱动电机

4.2.1.2 工作原理

湿式系统在准工作状态时，由消防水箱或稳压泵、气压给水设备等稳压设施维持管道内充水的压力。发生火灾时，在温度的作用下，闭式喷头的热敏元件动作，喷头开启并开始喷水。此时，管网中的水由静止变为流动，水流指示器动作，水流指示器的动作信号传至消防联动控制器，由消防联动控制器显示该区域自动喷水系统的动作信息。

由于持续喷水泄压造成湿式报警阀的上部水压低于下部水压，在压力差的作用下，原来处于关闭状态的湿式报警阀自动开启，此时压力水通过湿式报警阀流向管网，同时打开通向水力警铃的通道，延迟器充满水后，水力警铃发出声响警报，压力开关动作并输出启动信号联锁启动消防泵为管网持续供水；压力开关的动作信号和消防泵的动作反馈信号传至消防联动控制器，由消防联动控制器显示该湿式报警阀和消防泵的动作信息。

湿式系统的工作原理如图4.2所示。

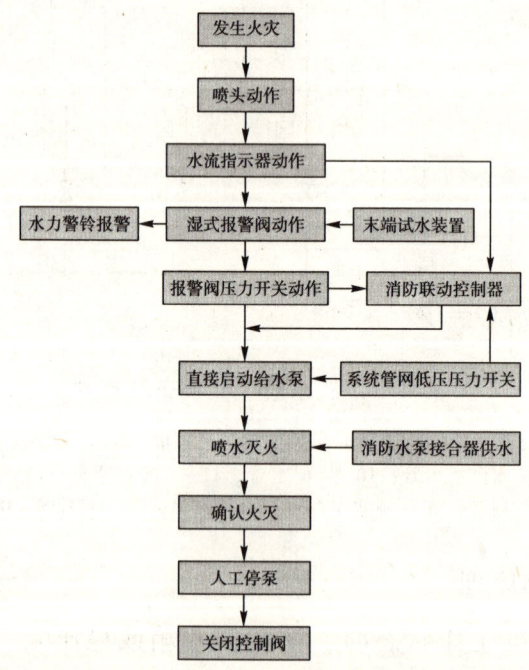

图 4.2 湿式系统工作原理图

4.2.1.3 联动控制设计

1) 联锁控制方式：湿式报警阀压力开关的动作信号直接联锁启动消防泵向管网持续供水，这种联锁控制不应受消防联动控制器处于自动或手动状态影响，这一点设计人员应予以重视。

2) 联动控制方式：在实际工程应用过程中，为防止湿式报警阀压力开关至消防泵的启动线路因断路、短路等电气故障而失效，湿式报警阀压力开关的动作信号应同时传至消防联动控制器，与任一火灾探测器或手动报警按钮报警信号的"与"逻辑作为系统的联动触发信号，由消防联动控制器通过总线模块冗余控制消防泵的启动。

3) 手动控制方式：应将喷淋消防泵控制箱（柜）的启动、停止按钮用专用线路直接连接至设置在消防控制室内的消防联动控制器的手动控制盘，直接手动控制喷淋消防泵的启动、停止。如果发生火灾，消防联动控制系统在手动控制方式时，可以通过操作设置在消防控制室内消防联动控制器的手动控制盘直接启动供水泵。

4) 水流指示器、信号阀、压力开关、喷淋消防泵启动和停止的动作信号应反馈至消防联动控制器，由消防联动控制器显示。

4.2.2 干式自动喷水灭火系统

4.2.2.1 组 成

干式自动喷水灭火系统（以下简称干式系统）由闭式喷头、干式报警阀组、水流指示器或压力开关、供水与配水管道、充气设备以及供水设施等组成，在准工作状态时配水管道内充满用于启动系统的有压气体。干式系统的启动原理与湿式系统相似，只是将传输喷头开放信号的介质，由有压水改为有压气体。

干式系统的组成如图4.3所示。

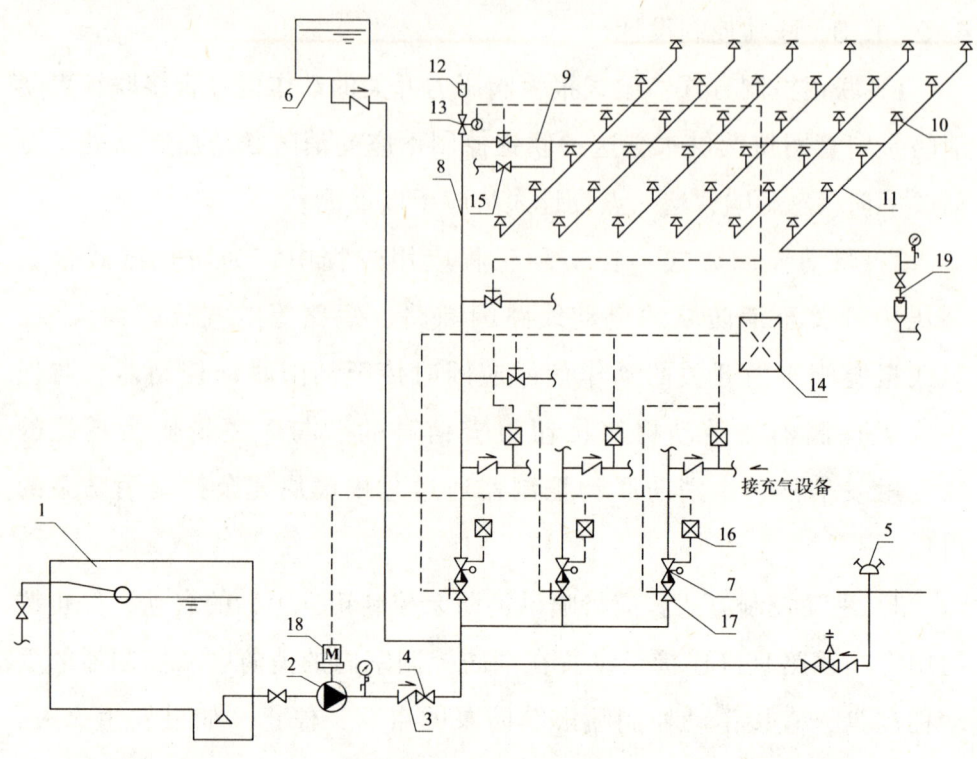

图 4.3 干式系统示意图

1—消防水池;2—水泵;3—止回阀;4—闸阀;5—水泵接合器;6—消防水箱;7—干式报警阀组;8—配水干管;9—配水管;10—闭式喷头;11—配水支管;12—排气阀;13—电动阀;14—报警控制器;15—泄水阀;16—压力开关;17—信号阀;18—驱动电机;19—末端试水装置

4.2.2.2 工作原理

干式系统在准工作状态时,由消防水箱或稳压泵、气压给水设备等稳压设施维持干式报警阀入口前向管道内充水的压力,报警阀出口后的管道内充满有压气体(通常采用压缩空气),报警阀处于关闭状态。发生火灾时,在温度的作用下,闭式喷头的热敏元件动作,闭式喷头开启,使干式阀出口压力下降,加速器动作后促使干式报警阀迅速开启,管道开始排气充水,剩余压缩空气从系统最高处的排气阀和开启的喷头处喷出,此时通向水力警铃和压力开关的通道被打开,水力警铃发出声响警报，压力开关动作并输出启动信号联锁启动消防泵为管网持续供水；管道完成排气充水过程后，开启的喷头开始喷水。从闭式喷头开启至供水泵投入运行前，由消防水箱、气压给水设备或稳压泵等供水设施为系统的配水管道充水。压力开关的动作信号和消防泵的动作反馈信号传至消防联动控制器，由消防联动控制器显示该报警阀和消防泵的动作信息。干式系统的工作原理见图4.4。

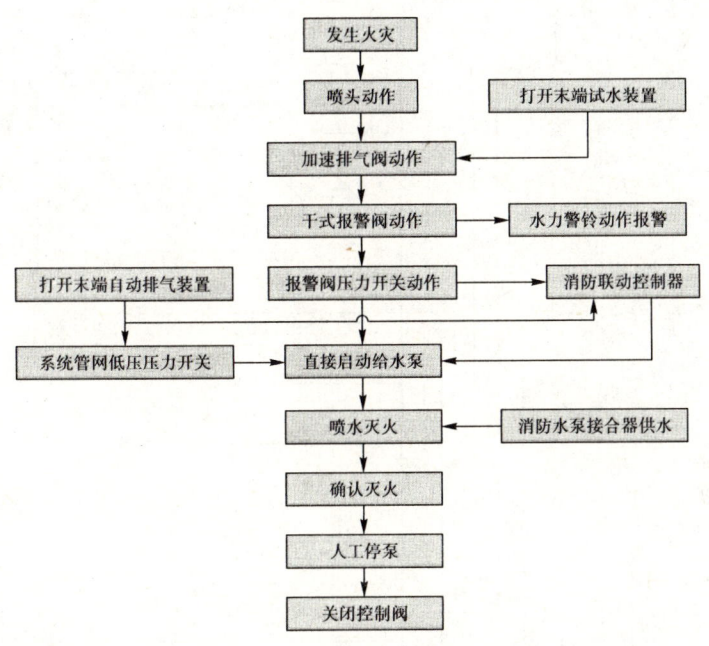

图4.4　干式系统工作原理图

4.2.2.3　联动控制设计

干式系统的联动控制设计与湿式系统基本相同，设计人员可参照湿式系统的设计要求进行设计。

4.2.3　预作用自动喷水灭火系统

4.2.3.1　组　成

预作用自动喷水灭火系统（以下简称预作用系统）由闭式喷头、

预作用报警阀组、水流报警装置、供水与配水管道、充气设备和供水设施等组成(图 4.5),在准工作状态时配水管道内不充水,由火灾报警系统自动开启预作用报警阀组后,转换为湿式系统。预作用系统与湿式系统、干式系统的不同之处在于系统采用预作用报警阀组,并配套设置火灾自动报警系统。

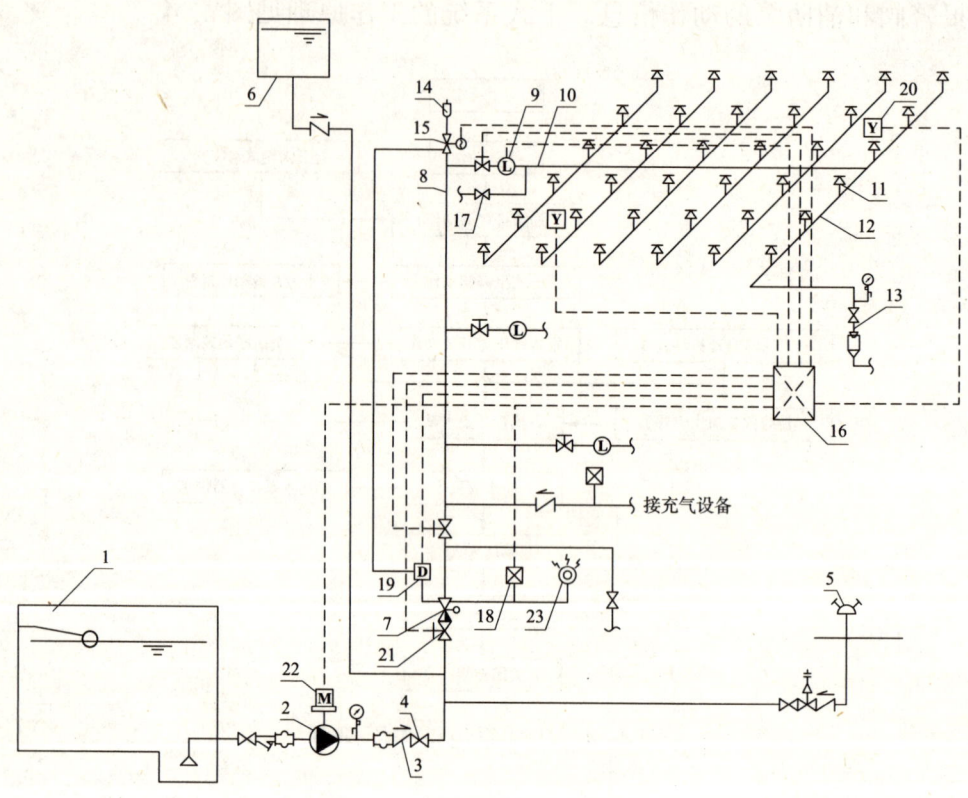

图 4.5 预作用系统示意图

1—消防水池;2—水泵;3—止回阀;4—闸阀;5—水泵接合器;6—消防水箱;7—预作用报警阀组;8—配水干管;9—水流指示器;10—配水管;11—闭式喷头;12—配水支管;13—末端试水装置;14—排气阀;15—电动阀;16—报警控制器;17—泄水阀;18—压力开关;19—电磁阀;20—感烟探测器;21—信号阀;22—驱动电机;23—水力警铃

4.2.3.2 工作原理

系统处于准工作状态时,由稳压设施维持预作用报警阀组入口前管道内充水的压力，预作用报警阀组后的管道内平时无水或充以有压气体。在火灾的初期阶段，火灾自动报警系统确认火灾报警信号后，联动控制开启预作用系统的电磁阀、开启排气控制阀，预作用阀开启，水力警铃报警，此时预作用系统充水，水流指示器动作；当火灾发展到一定规模，在温度作用下闭式喷头热敏元件动作，喷头开启并开始喷水，压力开关动作，信号传至消防联动控制器，与之前的任一火灾探测器报警信号的"与"逻辑作为消防泵启动的联动触发信号，由消防联动控制器联动控制消防泵的启动，并接收其反馈信号。联动控制方式不应影响压力开关动作信号直接联锁启动消防泵功能。预作用系统的工作原理见图4.6。

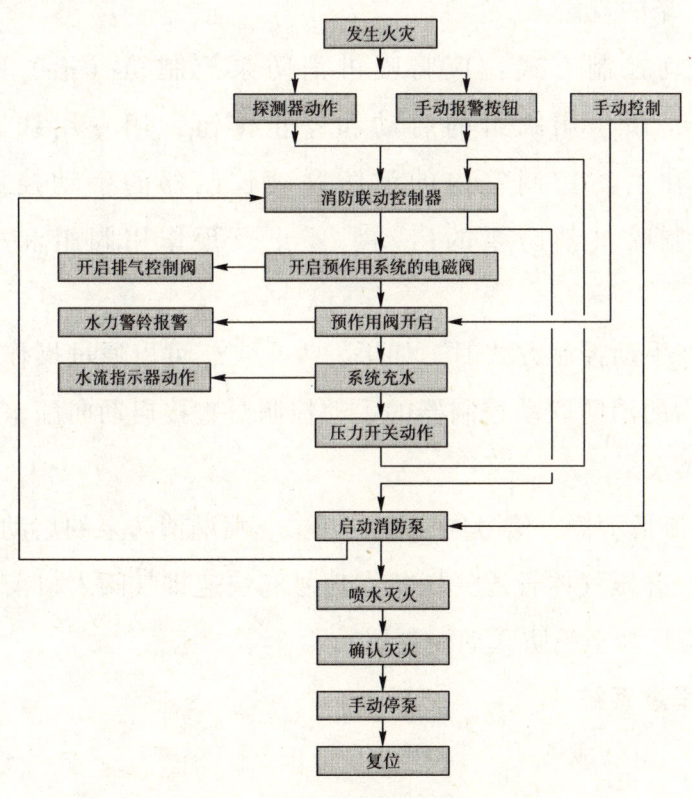

图4.6 预作用系统工作原理图

4.2.3.3 联动控制设计

1）联动控制方式：为了保障系统动作的可靠性，应由同一报警区域内两只及以上独立的感烟火灾探测器或一只感烟火灾探测器与一只手动火灾报警按钮的报警信号（"与"逻辑），作为预作用阀组开启的联动触发信号。

根据图4.6预作用系统工作流程图，预作用系统在正常状态时，配水管道中没有水。由消防联动控制器控制预作用阀组的开启，使系统转变为湿式系统；当火灾温度继续升高，闭式喷头的闭锁装置熔化脱落，喷头自动喷水灭火；当系统设有快速排气装置时，应联动控制排气阀前的电动阀的开启。湿式系统的联动控制设计应符合新《火规》4.2.1条的规定。

2）手动控制方式：应将喷淋消防泵控制箱（柜）的启动和停止按钮、预作用阀组的启动和停止按钮，用专用线路直接连接至设置在消防控制室内的消防联动控制器的手动控制盘，直接手动控制喷淋消防泵的启动、停止及预作用阀组和电动阀的开启。

系统在手动控制方式时，如果发生火灾，可以通过操作设置在消防控制室内的消防联动控制器的手动控制盘直接启动向配水管道供水的阀门和供水泵。

3）水流指示器、信号阀、压力开关、喷淋消防泵的启动和停止的动作信号，有压气体管道气压状态信号和快速排气阀入口前电动阀的动作信号应反馈至消防联动控制器。

4.2.4 雨淋系统

4.2.4.1 组 成

雨淋系统由开式喷头、雨淋阀组、水流报警装置、供水与配水管道以及供水设施等组成,与前几种系统的不同之处在于雨淋系统采用开式喷头,由雨淋阀控制喷水范围,由配套的火灾自动报警系统或传动管系统启动雨淋阀。雨淋系统有电动系统和液动或气动系统两种常用的自动控制方式。电动雨淋系统的组成如图4.7所示。

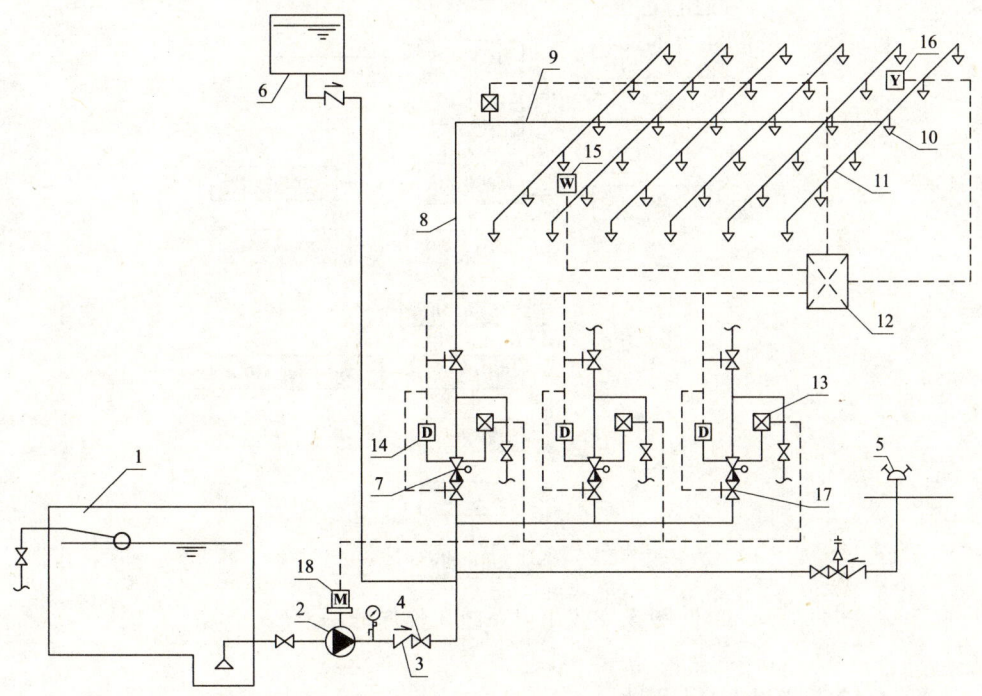

图4.7 电动雨淋系统示意图

1—消防水池;2—水泵;3—止回阀;4—闸阀;5—水泵接合器;6—消防水箱;7—雨淋报警阀组;8—配水干管;9—配水管;10—开式喷头;11—配水支管;12—报警控制器;13—压力开关;14—电磁阀;15—感温探测器;16—感烟探测器;17—信号阀;18—驱动电机

4.2.4.2 工作原理

系统处于准工作状态时,由消防水箱或稳压泵、气压给水设备等稳压设施维持雨淋阀入口前管道内充水的压力。发生火灾时,由火灾自动报警系统或传动管控制,自动开启雨淋报警阀和供水泵,向系统管网供水,由雨淋阀控制的开式喷头同时喷水。

雨淋系统的工作原理见图4.8。

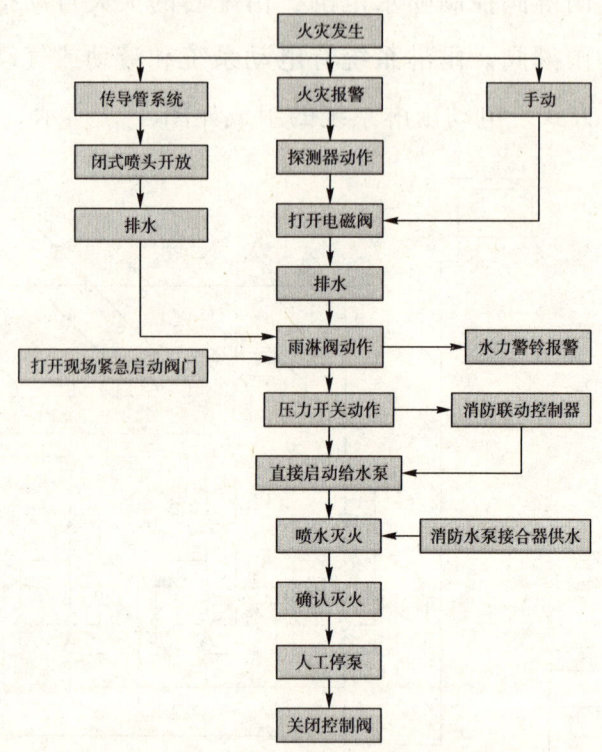

图4.8 雨淋系统工作原理图

4.2.4.3 联动控制设计

雨淋系统是开式自动喷水灭火系统的一种，规范规定的雨淋系统是指通过火灾自动报警系统实现管网控制的系统。

1）联动控制方式：为了保障系统动作的可靠性，应由同一报警区域内两只及以上独立的感温火灾探测器或一只感温火灾探测器与一只手动火灾报警按钮的报警信号（"与"逻辑），作为雨淋阀组开启的联动触发信号。应由消防联动控制器控制雨淋阀组的开启。雨淋报警阀动作信号取自雨淋报警阀的辅助接点，可通过输入模块接入总线，并在消防联动控制器上显示。

2）手动控制方式：应将雨淋消防泵控制箱（柜）的启动和停止按钮、雨淋阀组的启动和停止按钮，用专用线路直接连接至设置在消防控制室内的消防联动控制器的手动控制盘，直接手动控制雨淋消防泵的启动、停止及雨淋阀组的开启。

3）消防泵的联锁控制方式：雨淋阀压力开关的动作信号直接联锁启动消防泵向管网持续供水，这种联锁控制不应受消防联动控制器处于自动或手动状态的影响，这一点设计人员应予以重视。

4）水流指示器、压力开关、雨淋阀组、雨淋消防泵的启动和停止的动作信号应反馈至消防联动控制器。

4.2.5 水幕系统

4.2.5.1 组　成

水幕系统由开式洒水喷头或水幕喷头、雨淋报警阀组或感温雨淋阀、供水与配水管道、控制阀及水流报警装置（水流指示器或压力开关）等组成。与前几种系统不同的是，水幕系统不具备直接灭火的能力，是用于挡烟阻火和冷却分隔物的防火系统。

水幕系统包括防火分隔水幕和防护冷却水幕两种类型。利用密集喷洒形成的水墙或水帘阻火挡烟，起防火分隔作用的，为防火分隔水幕；利用水的冷却作用，配合防火卷帘等分隔物进行防火分隔的，为防护冷却水幕。

4.2.5.2 工作原理

系统处于准工作状态时，由消防水箱或稳压泵、气压给水设备等稳压设施维持管道内充水的压力。发生火灾时，由火灾自动报警系统联动开启雨淋报警阀组和供水泵，向系统管网和喷头供水。

防护冷却水幕和防火分隔水幕系统工作流程分别如图4.9、图4.10所示。

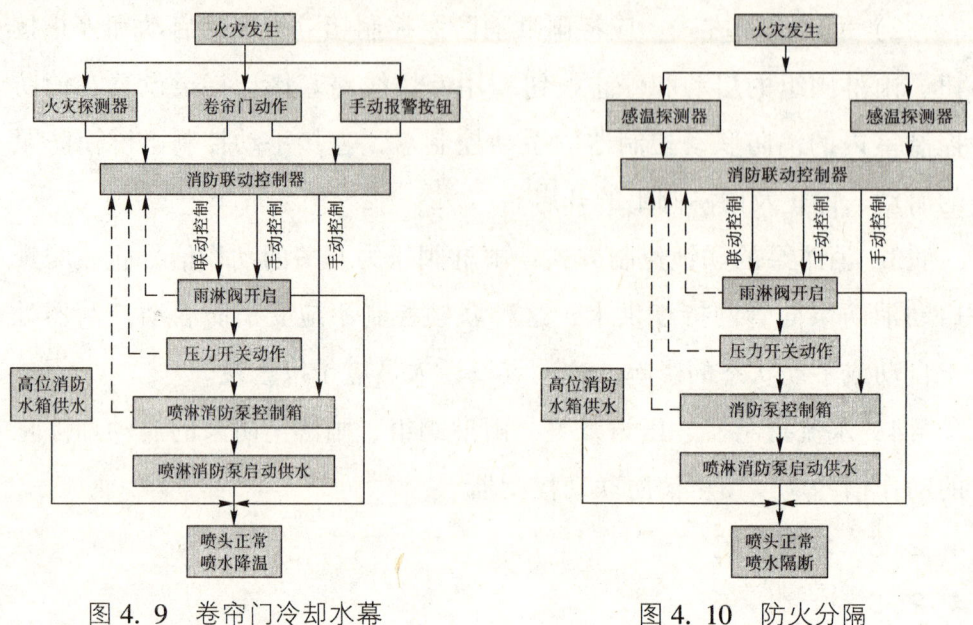

图 4.9 卷帘门冷却水幕系统工作流程图

图 4.10 防火分隔水幕系统工作流程图

4.2.5.3 联动控制设计

1) 联动控制方式：同样出于可靠性考虑，当自动控制的水幕系统用于防火卷帘的保护时，应由防火卷帘下落到楼板面的动作信号与本报警区域内任一火灾探测器或手动火灾报警按钮的报警信号作为水幕阀组启动的联动触发信号，并应由消防联动控制器联动控制水幕系统相关控制阀组的启动；仅用水幕系统作为防火分隔时，应由该报警区域内两只独立的感温火灾探测器的火灾报警信号作为水幕阀组启动的联动触发信号，并应由消防联动控制器联动控制水幕系统相关控制阀组的启动。

2) 手动控制方式：应将水幕系统相关控制阀组和消防泵控制箱（柜）的启动、停止按钮用专用线路直接连接至设置在消防控制室内的消防联动控制器的手动控制盘，直接手动控制消防泵的启动、停止及水幕系统相关控制阀组的开启。

3）消防泵的联锁控制方式：水幕系统相关控制阀组压力开关的动作信号直接联锁启动消防泵向管网持续供水，这种联锁控制不应受消防联动控制器处于自动或手动状态影响，这一点设计人员应予以重视。

4）压力开关、水幕系统相关控制阀组和消防泵的启动、停止的动作信号，应反馈至消防联动控制器。

4.2.6 设计提示

4.2.6.1 自动喷水灭火系统触发信号、反馈信号的合理选取

以前通常使用喷淋消防泵的启动信号作为自动喷水灭火系统的联动反馈信号，该信号取自供水泵主回路接触器辅助接点，这种设计的缺点是如果供水泵电动机出现故障，供水泵虽未启动，但反馈信号表示已经启动了。而反馈信号取自干管水流指示器，则能真实地反映喷淋消防泵的工作状态。

自动喷水灭火系统中设置的水流指示器，主要用以显示喷水管网中有无水流通过。这一信号的发生可能有以下几种情况：是自动喷水灭火；或因管网中有水流压力突变；或受水锤影响；或是在管网末端放水试验和管网检修等，都有可能使水流指示器动作。因此它不能用于启动消防水泵，应该用使管网水压变化（喷水灭火时的水压降低）而动作的湿式报警阀压力开关的动作信号启动自动喷洒水泵，由气压罐压力开关控制加压泵自动启动。

4.2.6.2 湿式自动喷水灭火喷头的定温玻璃泡不能代替火灾探测器

火灾探测器的设置主要是以预防为主，它对火灾起早期预报警作用，报警后离火灾的燃烧阶段和蔓延阶段还有一段时间，因此火灾自动报警系统的设置体现了"预防为主"的指导思想。若用湿式自动喷水灭火喷头的定温玻璃泡的设置代替火灾探测器，存在两个问题：

① 该定温玻璃泡与火灾自动报警定温探测器（特别是感烟式火灾探测器）相比较，其灵敏度低得多。经现场火灾探测试验证明，在同等温度条件下（与热电偶温度探测器比较）比火灾探测器晚动作近 3 min，如与感烟探测器比较晚近 5 min。因此它不能用于火灾早期报警使用（即使能报警亦无电信号输出）。② 自动喷水灭火喷头的设置主要建立在以消为主的指导思想上，一经喷水灭火就不是报警而是消防，将会有大量水流充满被保护场所，因此在设有湿式自动喷水灭火喷头的场所仍然宜装设感烟式火灾探测器。这一设计思想是与消防工作方针"预防为主，防消结合"相吻合的。

4.2.6.3 水喷雾灭火系统

作为一种开式自动喷水灭火系统的水喷雾灭火系统，在结构组成上与雨淋系统基本相似；所不同的是该系统使用的是一种喷雾喷头，喷出来的水为锥形状的水雾。可用于扑救固体火灾、闪点高于 60 ℃ 的液体火灾和电气火灾，并可用于可燃气体和甲、乙、丙类液体的生产、储存装置或装卸设施的防护冷却。水喷雾灭火系统联动控制设计在新《火规》4.2 节没有专门要求，在需要设置水喷雾灭火系统的场所可参照新《火规》4.2 节要求和 GB 50219—95《水喷雾灭火系统设计规范》进行联动控制设计。

4.2.6.4 与给排水专业的配合

电气设计人员应与给排水专业配合，了解自动喷水灭火系统的组成、工作原理及工艺要求，确定系统喷头、水流指示器、信号阀、压力开关、消防泵、阀组等设备的位置，消防泵的控制要求、功率大小等。

4.3 消火栓系统的联动控制设计

消火栓系统是建筑物内应用最广泛的一种消防设施。

4.3.1 室内消火栓系统的组成

室内消火栓给水系统是由消防给水基础设施、消防给水管网、室内消火栓设备、报警控制设备及系统附件等组成（图4.11）。

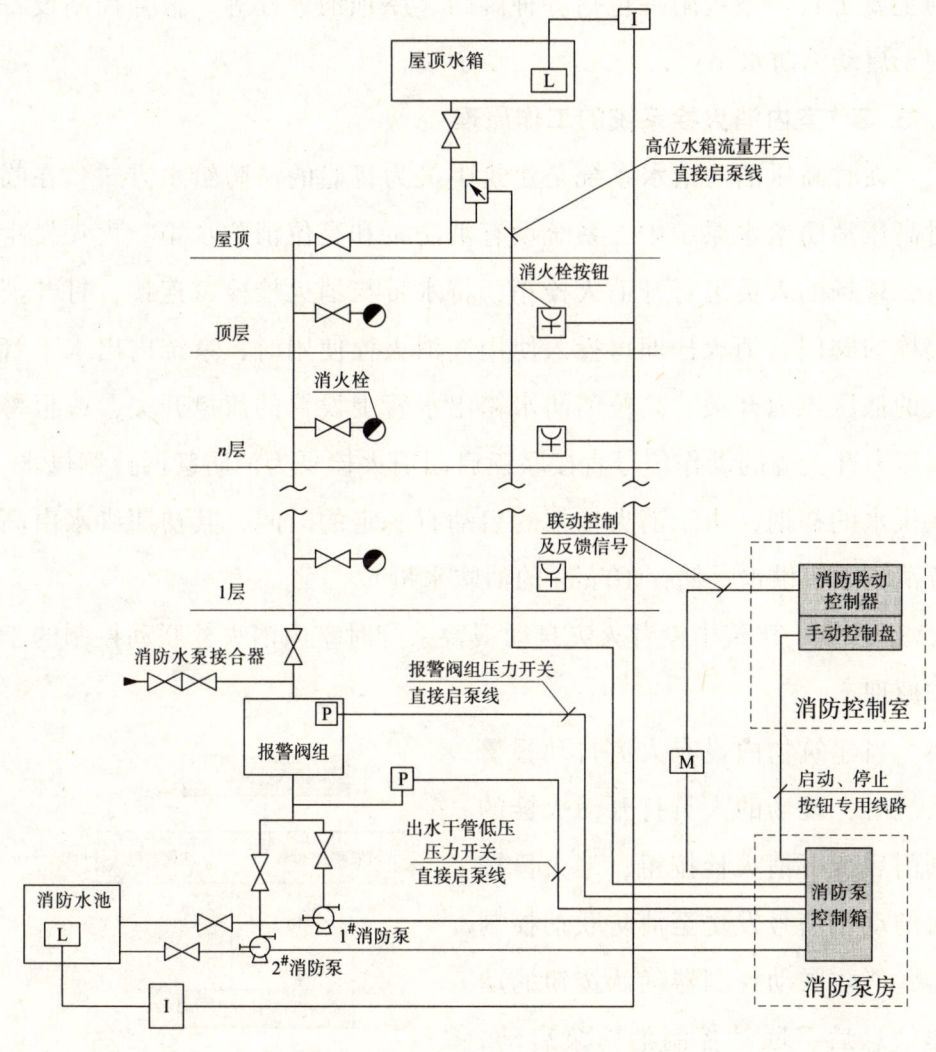

图4.11 室内消火栓系统的组成

其中消防给水基础设施包括市政管网、室外消防给水管网及室外消火栓、消防水池、消防水泵、消防水箱、增压稳压设备、水泵接合器等。该设施的主要任务是为系统储存并提供灭火用水。给水管网包括进水管、水平干管、消防竖管等,其任务是向室内消火栓设备输送灭火用水。室内消火栓包括水带、水枪、水喉等,是供人员灭火使用的主要工具。系统附件包括各种阀门、屋顶消火栓等。报警控制设备用于启动消防水泵。

4.3.2 室内消火栓系统的工作原理

临时高压消防给水系统是建筑中最为普遍的消防给水方式,在临时高压消防给水系统中,系统设有消防泵和高位消防水箱。火灾发生后,现场的人员可打开消火栓箱,将水带与消火栓栓口连接,打开消火栓的阀门,消火栓即可投入使用。消火栓使用时,系统内出水干管上的低压压力开关、高位消防水箱出水管上设置的流量开关,或报警阀压力开关等的动作信号直接联锁启动消火栓泵为消防管网持续供水。在供水的初期,由于消火栓泵的启动有一定的时间,其初期供水由高位消防水箱供水(储存 10 min 的消防水量)。

4.3.2.1 建筑中设置火灾自动报警系统时室内消火栓联动控制的工作原理

当建筑物内设有火灾自动报警系统时,现场的人员打开消火栓的阀门后按下消火栓按钮,消火栓按钮的动作信号发送至消防联动控制器,消防联动控制器确认按钮的动作信息后,联动控制消防泵启动,消防泵的动作信号反馈至消防控制室,并在消防联动控制器上显示(图4.12)。

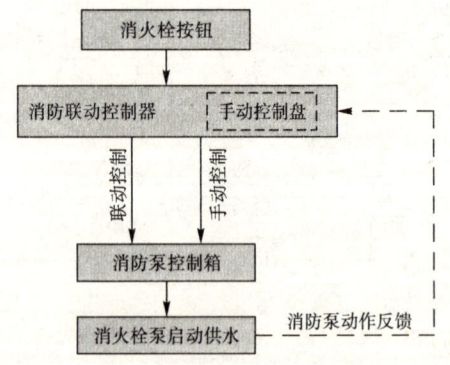

图4.12 建筑中设置火灾自动报警系统时室内消火栓联动控制的工作原理

4.3.2.2 建筑中未设置火灾自动报警系统时室内消火栓联动控制的工作原理

当建筑物内未设置火灾自动报警系统时，现场的人员打开消火栓的阀门后按下消火栓按钮，消火栓按钮直接启动消防泵，消防泵的动作信号通过消防联动控制器反馈至消火栓按钮上显示（图4.13）。

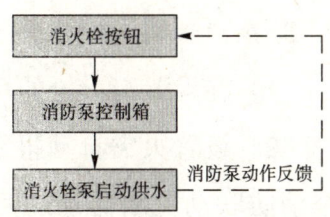

图 4.13 建筑中未设置火灾自动报警系统时室内消火栓联动控制的工作原理

4.3.3 设计要求

4.3.3.1 联锁控制方式

消火栓使用时，应将消火栓系统出水干管上设置的低压压力开关、高位消防水箱出水管上设置的流量开关或报警阀压力开关等信号作为触发信号，直接控制启动消火栓泵，联动控制不应受消防联动控制器处于自动或手动状态的影响。

4.3.3.2 联动控制方式

当设置火灾自动报警系统时，消火栓按钮的动作信号与任一火灾探测器或手动报警按钮报警信号的"与"逻辑作为启动消火栓泵的联动触发信号，由消防联动控制器联动控制消火栓泵的启动。

4.3.3.3 手动控制方式

当设置火灾自动报警系统时，应将消火栓泵控制箱（柜）的启动、停止按钮用专用线路直接连接至设置在消防控制室内的消防联动控制器的手动控制盘，通过手动控制盘直接手动控制消火栓泵的启动、停止。

4.3.3.4 反馈信号

消火栓泵应将其动作的反馈信号发送至消防联动控制器进行显示，新《火规》没有明确要求反馈信号取自哪里，设计人员可以根据工程实际情况选取。

4.3.4 设计提示

4.3.4.1 消火栓按钮的设置要求

1）在设置消火栓的场所必须设置消火栓按钮。

2）设置火灾自动报警系统时，消火栓按钮可采用二总线制，即引至消防联动控制器总线回路，用于传输按钮的动作信号，同时消防联动控制器接收到消防泵动作的反馈信号后，通过总线回路点亮消火栓按钮的启泵反馈指示灯。

3）未设置火灾自动报警系统时，消火栓按钮采用四线制，即二线引至消防泵控制柜（箱）用于启动消防泵；二线引至消防泵动作反馈触点，接收消防泵启动的反馈信号，在消防泵启动后点亮消火栓按钮的启泵反馈指示灯。

4）稳高压系统中设置的消火栓按钮，其启动信号不作为启动消防泵的联动触发信号，只用来确认被使用消防栓的位置信息，因此稳高压系统中，消火栓按钮也是不能省略的。

4.3.4.2 手动火灾报警按钮与消火栓按钮的区别

1）手动火灾报警按钮是人工报警装置，消火栓按钮是启动消防泵的触发装置，虽然两者信号都传输至消防控制室，但两者的作用不同。

2）手动火灾报警按钮按防火分区设置，一般设在出入口附近；而消火栓按钮是按消火栓的布点设置，两者的设置位置和标准不同。

3）手动火灾报警按钮的启动信号是接到火灾报警控制器上，消火栓按钮的启动信号是接到消防联动控制器上，火灾报警时，不一定要启泵，所以，手动报警按钮不能替代消火栓按钮兼作启泵的联动触发装置。

4.3.4.3 消防联动控制器联动启动消防泵的优点

消防联动控制器联动启动消防泵的优点是减少布线量和线缆使用量，提高整个消火栓系统的可靠性。

4.3.4.4 与给排水专业的配合

电气设计人员应了解消火栓系统的组成、工作原理及工艺要求，确定消火栓、消火栓泵、低压压力开关、高位消防水箱出水管流量开关、信号阀、阀组等设备的位置和数量，消火栓泵的控制要求、功率大小等。

4.4 气体（泡沫）灭火系统的联动控制设计

气体（泡沫）灭火系统主要由灭火剂储瓶和瓶头阀、驱动钢瓶和瓶头阀、选择阀（组合分配系统）、自锁压力开关、喷嘴及气体（泡沫）灭火控制器、感烟火灾探测器、感温火灾探测器、指示发生火灾的火灾声光报警器、指示灭火剂喷放的火灾声光报警器（带有声警报的气体释放灯）、紧急启停按钮、电动装置等组成。通常气体（泡沫）灭火系统的上述设备自成系统。由于气体灭火过程中系统应该执行一系列的动作，因此只有专用气体（泡沫）灭火控制器才具有这一系列的逻辑编程和执行功能。

4.4.1 气体灭火系统

气体灭火系统是指工业和民用建筑中设置七氟丙烷、IG541 混合气体（氮气、氩气和二氧化碳三种气体以 52%、40%、8% 的比例混合而成）和热气溶胶全淹没灭火系统（全淹没灭火系统是指在规定的时间内，向防护区喷放设计规定用量的灭火剂，并使其均匀地充满整个防护区的灭火系统）。图 4.14 是气体灭火系统示意图，图 4.15 是其工作流程图。

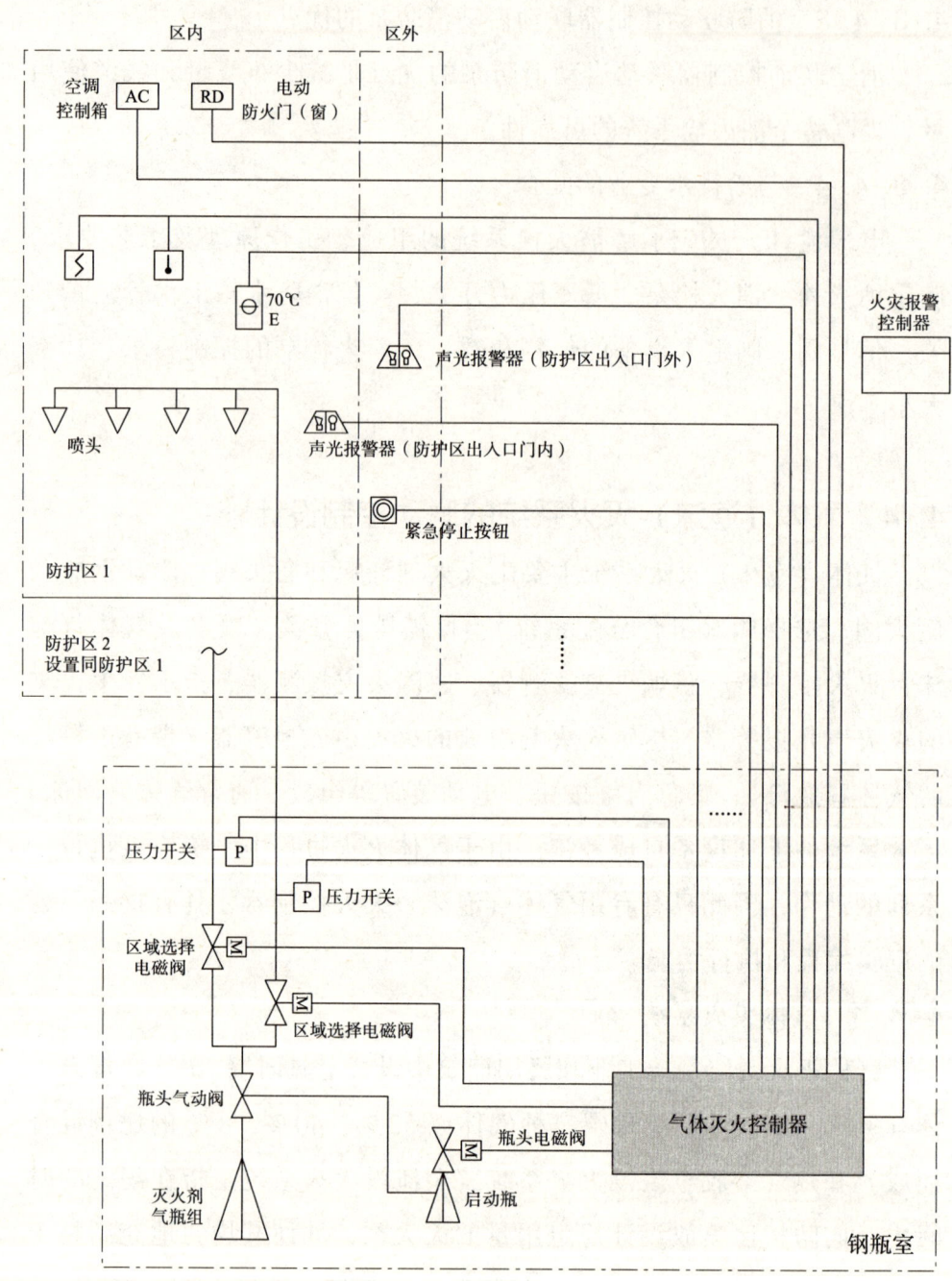

图 4.14 气体灭火系统示意图

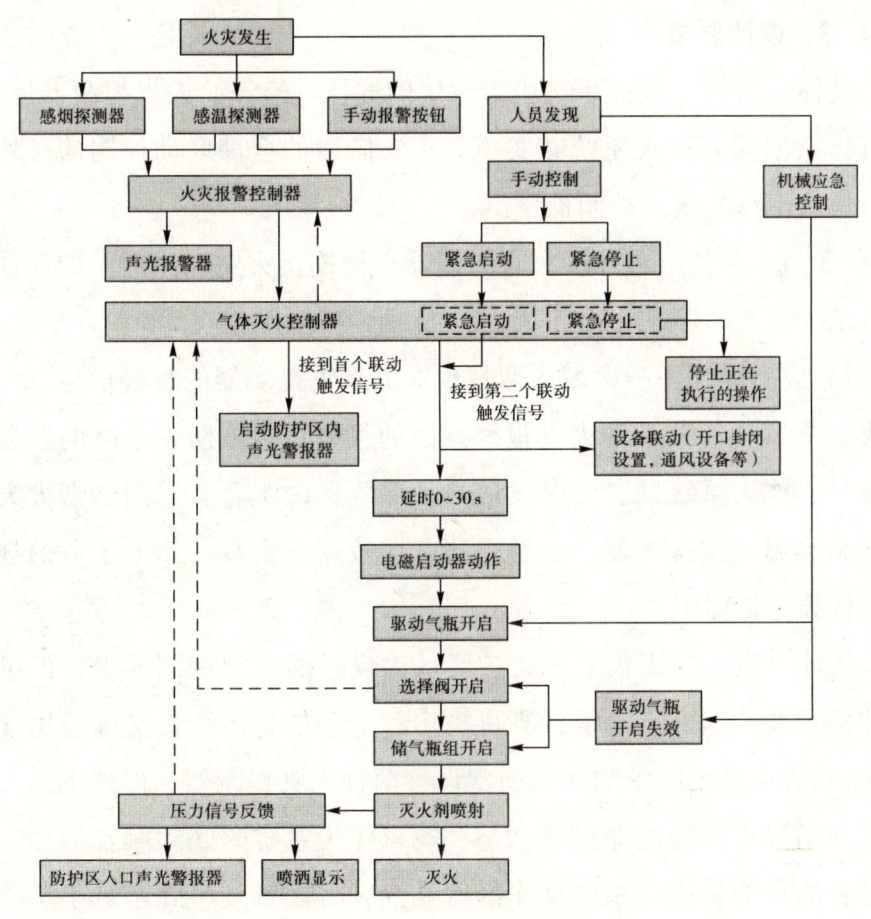

图 4.15 气体灭火系统流程图

4.4.2 泡沫灭火系统

根据 GB 20031—2005《泡沫灭火系统及部件通用技术条件》,泡沫灭火系统按照发泡倍数不同可分为:低倍数泡沫灭火系统、中倍数泡沫灭火系统、高倍数泡沫灭火系统;按照固定方式不同分为:固定式、半固定式、移动式泡沫灭火系统。

泡沫灭火系统主要由比例混合装置(器)、泡沫产生器(泡沫枪、泡沫炮、低中高倍数泡沫产生器、泡沫喷头等)、泡沫消防水泵、泡沫混合液泵、泡沫液泵等组成。

4.4.3 设计要求

气体（泡沫）灭火系统应由专用的气体（泡沫）灭火控制器控制，即气体（泡沫）灭火系统在实施灭火各阶段的全部联动控制信号均应由气体（泡沫）灭火控制器发出。

4.4.3.1 气体（泡沫）灭火控制器直接连接火灾探测器时的联动控制要求

1) 应由同一防护区域内两只独立的火灾探测器的报警信号、一只火灾探测器与一只手动火灾报警按钮的报警信号或防护区外的紧急启动信号，作为系统的联动触发信号。探测器的组合宜采用感烟火灾探测器和感温火灾探测器，各类探测器应按新《火规》第6.2节的规定分别计算保护面积。

气体（泡沫）灭火系统防护区域内设置的火灾探测器报警的可靠性非常重要。因此，电子计算机机房和电子信息系统机房等采用气体（泡沫）灭火系统防护的场所通常设置两种火灾探测器，即感烟火灾探测器和感温火灾探测器组成"与"逻辑作为系统的联动触发信号，这样设置的目的是提高系统动作的可靠性，将误触发率降至最小。感烟火灾探测器报警，表示有火灾发生，感温火灾探测器报警，表示火灾已经发展到一定程度了，应该启动气体（泡沫）灭火装置实施灭火。对于有人确认火灾的场所，也可采用同一区域内的一只火灾探测器及一只手动报警按钮的报警信号组成"与"逻辑作为联动触发信号。

2) 气体（泡沫）灭火控制器在接收到满足联动逻辑关系的首个联动触发信号后，应启动设置在该防护区内的火灾声光警报器，且联动触发信号应为任一防护区域内设置的感烟火灾探测器、其他类型火灾探测器或手动火灾报警按钮的首次报警信号，警示处于防护区域内的人员撤离；在接收到第二个联动触发信号后，应发出联动控制信号(同一防护区域内与首次报警的火灾探测器或手动火灾报警按钮相邻的感温火灾探测器、火焰探测器或手动火灾报警按钮的报警信号）。联动关闭排风机、防火阀、空气调节系统，启动防护区域开口封闭装置，并根据人员安全撤离防护区的需要，延时不大于30s后开启选择阀（组合分配系统：用一套气体灭火剂储存装置通过管网的选择分配，保护两个或两个以上防护区的灭火系统）和启动阀，驱动瓶内的气体开启灭火剂储罐瓶头阀，灭火剂喷出实施灭火，同时启动安装在防护区门外的指示灭火剂喷放的火灾声光报警器（带有声警报的气体释放灯）；管道上的自锁压力开关动作，动作信号反馈给气体（泡沫）灭火控制器。

3）联动控制信号应包括下列内容：①关闭防护区域的送排风机及送排风阀门；②停止通风和空气调节系统，关闭设置在该防护区域的电动防火阀；③联动控制防护区域开口封闭装置的启动，包括关闭防护区域的门、窗；④启动气体（泡沫）灭火装置，气体（泡沫）灭火控制器可设定不大于30s的延迟喷射时间。设计人员应注意，上述联动控制信号应由气体（泡沫）灭火控制器发出。

设定不大于30s的延时主要是为了防止火灾发展迅速，防护区内的人员尚未疏散，感温火灾探测器已经动作，气体（泡沫）灭火控制器按控制逻辑启动了气体灭火装置，影响人员疏散，危及人员生命安全，同时也为人工确认提供一定时间。

4）平时无人工作的防护区，可设置为无延迟的喷射，且应在接收到满足联动逻辑关系的首个联动触发信号后按新《火规》4.4.2条第3款规定的除启动气体（泡沫）灭火装置外的联动控制执行；在接收到第二个联动触发信号后，应启动气体（泡沫）灭火装置。

5）气体灭火防护区出口外上方应设置表示气体喷洒的火灾声光警报器，指示气体释放的声信号应与该保护对象中设置的火灾声警报器的声信号有明显区别。启动气体（泡沫）灭火装置的同时，应启动设置在防护区入口处表示气体喷洒的火灾声光警报器；组合分配系统应首先开启相应防护区域的选择阀，然后启动气体（泡沫）灭火装置。

启动安装在防护区门外指示灭火剂喷放的火灾声光报警器（带有声警报的气体释放灯）是防止气体灭火防护区在气体释放后出现人员误入现象，根据国家标准 GB 50370—2005《气体灭火系统设计规范》规定，防护区内应设火灾声报警器（一级报警时动作），防护区的入口处应设火灾声光报警器（防护区内气体释放后动作），防护区内声报警器动作提醒防护区内人员迅速撤离，防护区入口处火灾声光报警器提醒人员不要误入，新《火规》4.4.2 条特别规定指示气体释放的声信号应与同建筑中设置的火灾声警报器的声信号有明显区别，以便有关人员明确现场情况。

4.4.3.2 气体（泡沫）灭火控制器不直接连接火灾探测器时的联动控制要求

1）气体（泡沫）灭火系统的联动触发信号应由火灾报警控制器或消防联动控制器发出。

2）气体（泡沫）灭火系统的联动触发信号和联动控制均应符合新《火规》第 4.4.2 条的规定。

4.4.3.3 气体（泡沫）灭火控制器的手动控制方式要求

1）在防护区疏散出口的门外应设置气体（泡沫）灭火装置的手动启动和停止按钮，手动启动按钮按下时，火灾报警控制器应符合新《火规》4.4.2 条第 3 款和第 5 款规定的联动操作；手动停止按钮按下时，气体（泡沫）灭火控制器应停止正在执行的联动操作。

2）气体（泡沫）灭火控制器上应设置对应于不同防护区的手动启动和停止按钮，手动启动按钮按下时，气体（泡沫）灭火控制器应执行符合新《火规》4.4.2条第3款和第5款规定的联动操作；手动停止按钮按下时，气体（泡沫）灭火控制器应停止正在执行的联动操作。

4.4.3.4 反馈信号组成及显示要求

气体（泡沫）灭火装置启动及喷放各阶段的联动控制及系统的反馈信号，应反馈至消防联动控制器。系统的联动反馈信号应包括下列内容：

1) 气体（泡沫）灭火控制器直接连接的火灾探测器的报警信号；
2) 选择阀的动作信号；
3) 压力开关的动作信号。

4.4.3.5 防护区手动/自动控制转换装置显示要求

在防护区域内设有手动与自动控制转换装置的系统，其手动或自动控制方式的工作状态应在防护区内、外的手动、自动控制状态显示装置上显示，该状态信号应反馈至消防联动控制器。

4.4.4 与给排水专业的配合

电气设计人员应了解气体（泡沫）灭火系统的组成、工作原理及工艺要求，确定系统的设置位置、分区及控制要求等。

4.5 防烟排烟系统的联动控制设计

发生火灾时，伴随着物质的燃烧将产生大量的有毒烟气。弥漫的烟气将阻碍人的视线，易使人迷失正确的逃离方向，在发生火灾这样紧急的情况下，将加重人的恐惧心理。同时，烟气还会通过呼吸对人们的生命安全造成直接威胁。国内外火灾均表明，烟气是造成人员伤亡最主要的原因。因此，在灭火的同时，必须考虑火灾现场的排烟和其他区域特别是疏散通道的防烟问题，以便于人员的安全疏散。防烟排烟系统是人员生命安全的重要保证。

现代建筑中防烟设备的作用是防止烟气侵入疏散通道，而排烟设备的作用是消除烟气大量积累并防止烟气扩散到疏散通道。因此，防烟、排烟设备及其系统的设计是综合性自动消防系统的必要组成部分。

4.5.1 建筑防烟方式

防烟方式有3种：① 非燃化防烟，即建筑材料、室内装修材料、室内家具材料、各种设施（柜台、生活设备等）、各种管道及其保温绝热材料等均为不燃性或难燃性的，发生火灾时，烟气产生量很少。这是一种杜绝烟气的防烟方式。② 密闭防烟，即采用密封性能很好的墙壁和门窗等将空间封闭起来，并对进出的气流加以控制，使着火房间内的燃烧因缺氧而自行熄灭。缺点是门窗等经常处于关闭状态，使用不便，而且发生火灾时，如果有人需要疏散，打开门时仍将引起漏烟。③ 阻碍防烟，即在烟气扩散流动的路线上设置各种障碍以防止烟气继续扩散的防烟方式。这种方式常常用在防排烟分区的分界处，在同一区域内也采用，防烟卷帘、防火门、防烟垂壁等都是这种障碍结构。

4.5.2 建筑排烟方式

排烟方式总体可分为自然排烟和机械排烟，而机械排烟又分为全面通风排烟、加压送风排烟和负压机械排烟3种不同的方式。

公共娱乐场所、商场营业厅、展览厅、礼堂、影剧院、室内集贸市场等场所，除了那些重要的、影响大的公共建筑有必要采用机械排烟外，目前主要还是采用设备简单、切实可行，并具有一定效果的自然排烟。自然排烟是利用火灾产生的热烟气流的浮力和外部风力作用，通过建筑物的对外开口把烟气排至室外。

加压送风排烟是通过机械加压送风，使被保护区保持正压而阻止烟气侵入，如可利用送风机供给走廊、楼梯间前室和楼梯间等以新鲜空气，使这些部位的空气压力比着火房间相对高些，而着火房间所产生的烟气则通过专设的排烟口或外窗以自然排烟方式排至室外。在建筑中常采用机械加压送风排烟措施的部位有以下几处：①不具备自然排烟条件的防烟楼梯间及其前室，或采用自然排烟措施的楼梯间及其不具备自然排烟条件的前室；②消防电梯前室或合用前室；③封闭避难层。

负压机械排烟是利用排烟机把着火部位所产生的烟气通过排烟口排至室外的措施。在火灾发展初期，这种排烟措施能使烟气不向其他区域扩散；但在火灾猛烈发展阶段，由于烟气大量产生，排烟机如来不及把其安全排除，烟气就可能扩散到其他区域中去。

4.5.3 防排烟系统工作流程（如图4.16、图4.17所示）

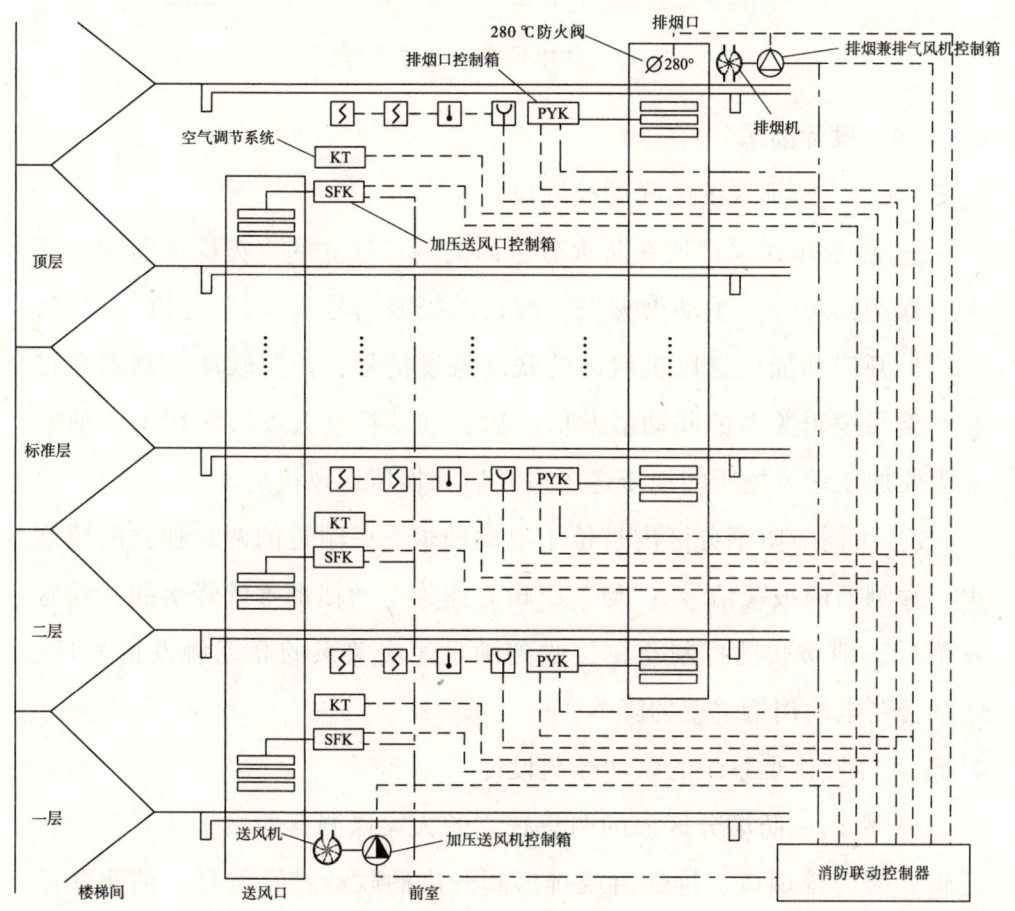

图4.16 防排烟系统示意图

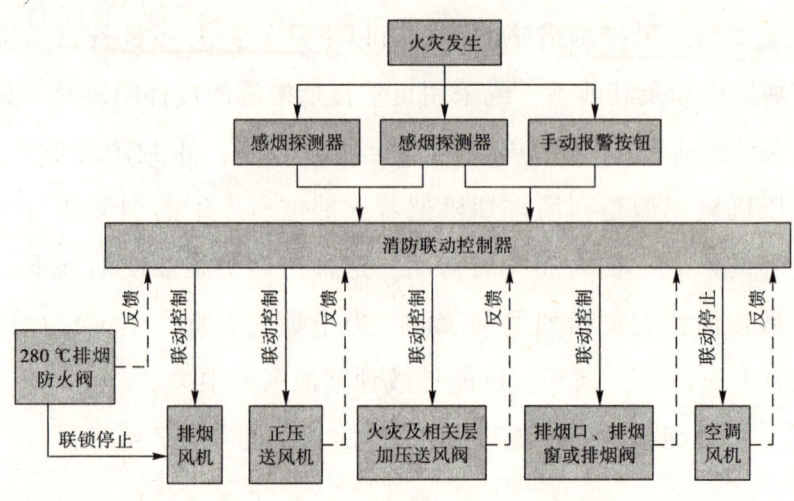

图 4.17　防排烟系统工作流程图

4.5.4　设计要求

4.5.4.1　防烟系统的联动控制设计

1）由加压送风口所在防火分区内的两只独立的火灾探测器或一只火灾探测器与一只手动火灾报警按钮的报警信号（"与"逻辑），作为送风口开启和加压送风机启动的联动触发信号，消防联动控制器在接收到满足逻辑关系的联动触发信号后，联动控制火灾层和相关层前室等需要加压送风场所的加压送风口开启和加压送风机启动。

2）由同一防烟分区内且位于电动挡烟垂壁附近的两只独立的感烟火灾探测器的报警信号（"与"逻辑）作为电动挡烟垂壁降落的联动触发信号，消防联动控制器在接收到满足逻辑关系的联动触发信号后，联动控制电动挡烟垂壁的降落。

4.5.4.2　排烟系统的联动控制设计

1）由同一防烟分区内的两只独立的火灾探测器的报警信号（"与"逻辑）作为排烟口、排烟窗或排烟阀开启的联动触发信号，消防联动控制器在接收到满足逻辑关系的联动触发信号后，联动控制排烟口、排烟窗或排烟阀的开启,同时停止该防烟分区的空气调节系统。

2)由排烟口、排烟窗或排烟阀开启的动作信号与该防烟分区内任一火灾探测器的报警信号作为排烟风机启动的联动触发信号,消防联动控制器在接收到满足逻辑关系的联动触发信号后,联动控制排烟风机的启动。

4.5.4.3 防烟系统、排烟系统的手动控制设计

应能在消防控制室内的消防联动控制器上手动控制送风口、电动挡烟垂壁、排烟口、排烟窗、排烟阀的开启或关闭。提醒设计人员注意的是,上述设备的手动控制与消防泵、风机等重要消防设备的手动控制要求是不同的,上述设备的手动控制是通过操作消防联动控制器总线控制盘上的按钮实现的,按钮按下后,控制器将根据预设的逻辑关系启动对应的总线控制模块,从而控制相应的受控设备动作,这种一键式的操作方式大大简化了消防管理人员在应急情况下的操作。防烟、排烟风机的启动、停止按钮应采用专用线路直接连接至设置在消防控制室内的消防联动控制器的手动控制盘上,并应直接手动控制防烟、排烟风机的启动与停止。

4.5.4.4 排烟口、排烟阀和排烟风机入口处的排烟防火阀的开启和关闭的联动反馈信号

送风口、排烟口、排烟窗或排烟阀开启和关闭的动作信号,防烟、排烟风机启动和停止及电动防火阀关闭的动作信号,均应反馈至消防联动控制器。新《火规》没有明确要求防烟、排烟风机启动和停止的反馈信号取自哪里,设计人员可以根据工程实际情况选取。

排烟风机入口处的总管上设置的 280 ℃ 排烟防火阀在关闭后应直接联动控制风机停止,排烟防火阀及风机的动作信号应反馈至消防联动控制器。

4.5.5 设计提示
4.5.5.1 加压送风口联动信号的选择

在新《火规》修订之前,并没有明确防火分区内哪个部位的感烟火灾探测器动作联动加压送风口的开启,大多数采用靠近疏散楼梯间的感烟火灾探测器的动作信号联动送风口。而本次修订明确规定,送风口所在防火分区内设置的两只独立的火灾探测器或一只火灾探测器与一只手动火灾报警按钮的报警信号的"与"逻辑联动送风口开启并启动加压送风机。通常加压风机的吸气口设有电动风阀,此阀与加压风机联动,加压风机启动,电动风阀开启;加压风机停止,电动风阀关闭。

4.5.5.2 与暖通专业的配合

电气设计人员应了解防烟排烟系统的组成、工作原理、分区情况及联动控制要求,各类防火阀、排烟阀、风口位置及控制要求,有关风机的控制要求、功率大小、位置等。

4.6 防火门及防火卷帘系统的联动控制设计

建筑门窗是火灾蔓延的主要途径,防火门、防火卷帘是应用于建筑内作为防火墙和防火分区的防火分隔物,它具有一定的阻火、耐火功能,可将大火控制在预定的范围内,以达到有效地阻止火势蔓延的目的;同时又是人员安全疏散,消防人员火灾扑救的通道。

4.6.1 防火门系统的联动控制设计

1)疏散通道上的防火门有常闭型和常开型两种。常闭型防火门有人通过后,闭门器将门关闭不需要联动;常开型防火门平时开启。常开防火门所在防火分区内的两只独立的火灾探测器或一只火灾探测器与一只手动火灾报警按钮的报警信号,作为常开防火门关闭的联动触发信号,联动触发信号应由火灾报警控制器或消防联动控制器发出,并应由消防联动控制器或防火门监控器联动控制防火门关闭（防火门监控器是用于防火门监控的专用设备，因此建议设计人员，防火门的联动控制宜由防火门监控器执行）。

2）疏散通道上各防火门的开启、关闭及故障状态（包括闭门器故障、门被卡后未完全关闭等）信号应反馈至防火门监控器。

4.6.2 防火卷帘系统的联动控制设计

防火卷帘的升降应由防火卷帘控制器控制。

4.6.2.1 疏散通道上设置的防火卷帘

1）联动控制方式：防火分区内任两只独立的感烟火灾探测器或任一只专门用于联动防火卷帘的感烟火灾探测器的报警信号应联动控制防火卷帘下降至距楼板面1.8m处，这是为保障防火卷帘能及时动作，以起到防烟作用，避免烟雾经此扩散，既起到防烟作用又可保证人员疏散；任一只专门用于联动防火卷帘的感温火灾探测器的报警信号表示火已蔓延到该处，此时人员已不可能从此处逃生，应联动控制防火卷帘下降到楼板面，起到防火分隔作用；为了保障防火卷帘在火势蔓延到防护卷帘前及时动作，也为防止单只探测器由于偶发故障而不能动作，在卷帘的任一侧距卷帘纵深0.5~5m内应设置不少于2只专门用于联动防火卷帘的感温火灾探测器。

2）手动控制方式：应由防火卷帘两侧设置的手动控制按钮控制防火卷帘的升降。

4.6.2.2 非疏散通道上设置的防火卷帘

1）联动控制方式：非疏散通道上设置的防火卷帘大多仅用于建筑的防火分隔作用，建筑共享大厅回廊楼层间等处设置的防火卷帘不具有疏散功能，仅用作防火分隔。应将防火卷帘所在防火分区内任两只独立的火灾探测器的报警信号，作为防火卷帘下降的联动触发信号，由防火卷帘控制器联动控制防火卷帘直接下降到楼板面。

2) 手动控制方式,应由防火卷帘两侧设置的手动控制按钮控制防火卷帘的升降,并应能在消防控制室内的消防联动控制器上手动控制防火卷帘的降落。

4.6.2.3 联动反馈信号要求

防火卷帘下降至距楼板面1.8m处、下降到楼板面的动作信号和防火卷帘控制器直接连接的感烟、感温火灾探测器的报警信号,应反馈至消防联动控制器。

4.7 电梯的联动控制设计

随着高层建筑、超高层建筑的不断涌现,电梯作为重要的垂直交通运输工具得到了非常广泛的应用。

4.7.1 设计要求

消防联动控制器应具有发出联动控制信号强制所有电梯停于首层或电梯转换层的功能。为了使消防救援人员及时掌握电梯的状态,电梯运行状态信息和停于首层或转换层的反馈信号,应传送给消防控制室显示,轿箱内应设置能直接与消防控制室通话的专用电话。

新《火规》对电梯的消防联动控制逻辑设计未作明确的要求,是因为不同建筑形式对电梯的控制要求不尽相同,无法提出共性的条文要求。设计人员在进行此环节的设计时,应根据建筑的结构形式特点,结合消防灭火救援的需要,在设计文件中合理地提出电梯的控制逻辑要求。

4.7.2 高层建筑在火灾初期电梯的管理

对于非消防电梯不能一发生火灾就立即切断电源,如果电梯无自动平层功能,会将电梯里的人关在电梯轿箱内,这是相当危险的,因此规范要求电梯应具备降至首层或电梯转换层的功能,以使有关人员全部撤出电梯。

规范要求消防联动控制器应具有发出联动控制信号强制所有电梯停于首层或电梯转换层的功能，但并不是一发生火灾就使所有的电梯均回到首层或转换层，设计人员应根据建筑特点，先使发生火灾及相关危险部位的电梯回到首层或转换层，在没有危险部位的电梯，应先保持使用。为防止电梯供电电源被火烧断，电梯宜增加 EPS 备用电源。

4.7.3　与建筑专业的配合

电气设计人员应与建筑专业配合，确定电梯的用途、数量、安装位置，电梯井道情况和控制要求等。

4.8　火灾警报和消防应急广播系统的联动控制设计

建筑物内发生火灾时，消防应急广播是引导处于危险场所的人员如何逃生和指挥施救人员如何控制扑灭火灾的重要设施。

4.8.1　设计要求

火灾自动报警系统应设置火灾声光警报器，并应在确认火灾后启动建筑内的所有火灾声光警报器。未设置消防联动控制器的火灾自动报警系统，火灾声光警报器应由火灾报警控制器控制；设置消防联动控制器的火灾自动报警系统，火灾声光警报器应由火灾报警控制器或消防联动控制器控制。公共场所宜设置具有同一种火灾变调声的火灾声警报器；具有多个报警区域的保护对象，宜选用带有语音提示的火灾声警报器；学校、工厂等各类日常使用电铃的场所，不应使用警铃作为火灾声警报器。火灾声警报器设置带有语音提示功能时，应同时设置语音同步器。

同一建筑内设置多个火灾声警报器时，火灾自动报警系统应能同时启动和停止所有火灾声警报器的工作。火灾声警报器单次发出火灾警报时间宜为8~20 s，同时设有消防应急广播时，火灾声警报应与消防应急广播交替循环播放。

集中报警系统和控制中心报警系统应设置消防应急广播。消防应急广播系统的联动控制信号应由消防联动控制器发出。当确认火灾后，应同时向全楼进行广播，选用功放的功率应满足所有同时启动扬声器的工作要求，不需设置备用功放。

消防应急广播的单次语音播放时间宜为10~30 s，应与火灾声警报器分时交替工作，可采取1次声警报器播放、1次或2次消防应急广播播放的交替工作方式循环播放。

在消防控制室应能手动或按预设控制逻辑联动控制选择广播分区、启动或停止应急广播系统，并应能监听消防应急广播。在通过传声器进行应急广播时，应自动对广播内容进行录音，在此期间应联动停止火灾声警报。消防控制室内应能显示消防应急广播的广播分区的工作状态。消防应急广播与普通广播或背景音乐广播合用时，应具有强制切入消防应急广播的功能。

4.8.2 设计提示

为便于火灾时统一指挥和人员的有效疏散，新《火规》中火灾警报和消防应急广播系统的设计要求与1998版《火规》变化之处较多，加强了火灾警报和消防应急广播在发生火灾时的有效引导作用，规定更细致、更贴近实际，更加人性化。

4.8.2.1 消防应急广播系统和火灾警报装置的同时设置

新《火规》4.8.6条规定：火灾声警报器单次发出火灾警报时间宜为8~20 s，同时设有消防应急广播时，火灾声警报应与消防应急广播交替循环播放。

消防应急广播系统和火灾警报装置，在建筑内同时设置是本次修订的重要内容之一。按修订前的条文（1998版《火规》5.5.1条：未设置火灾应急广播的火灾自动报警系统，应设置火灾警报装置），二者可以不同时设置。而实践证明，火灾时，先鸣警报装置，高分贝的啸叫会刺激人的神经使人立刻警觉，然后再播放广播通知疏散，如此循环进行效果更好。

4.8.2.2 集中报警系统消防应急广播的设置

采用集中报警系统和控制中心报警系统的保护对象多为高层建筑或大型民用建筑，这些建筑内人员集中又较多，火灾时影响面大，为了便于火灾时统一指挥人员有效疏散，新《火规》4.8.7条要求在集中报警系统和控制中心报警系统中设置消防应急广播。

而1998版《火规》5.4.1条规定：控制中心报警系统应设置火灾应急广播，集中报警系统宜设置火灾应急广播。显然，规范对集中报警系统从"宜"设置火灾应急广播改成了"应"，要求更严格了。规范的此处变化应引起设计人员的注意。

4.8.2.3 应急广播警报疏散范围要求

1998版《火规》6.3.1.6条按照"人员所在位置距火场的远近依顺序发出警报"，基于"为避免人为的紧张，造成混乱，影响疏散，应先在最小范围内发出警报信号进行应急广播"。

而新《火规》4.8.8条充分考虑"安全第一，以人为本"的消防疏散理念，基于"火灾发生时，每个人都有权利在第一时间得知，同时为避免由于错时疏散而导致的在疏散通道和出口处出现人员拥堵现象，要求在确认火灾后同时向整个建筑进行应急广播。"

新《火规》4.8.1条（强条）也明确规定：火灾自动报警系统应设置火灾声光警报器，并应在确认火灾后启动建筑内的所有火灾声光警报器。同样体现了"安全第一，以人为本"的消防疏散理念。

4.8.2.4 消防应急广播强制切入控制方式

新《火规》4.8.12 条规定：消防应急广播与普通广播或背景音乐广播合用时，应具有强制切入消防应急广播的功能。火灾时，将日常广播或背景音乐系统扩音机强制转入火灾事故广播状态的控制切换方式一般有 2 种：

1) 消防应急广播系统仅利用日常广播或背景音乐系统的扬声器和馈电线路，而消防应急广播系统的扩音机等装置是专用的。当火灾发生时，在消防控制室切换输出线路，使消防应急广播系统按照规定播放应急广播。

2) 消防应急广播系统全部利用日常广播或背景音乐系统的扩音机、馈电线路和扬声器等装置，在消防控制室只设紧急播送装置，当发生火灾时可遥控日常广播或背景音乐系统紧急开启，强制投入消防应急广播。

以上 2 种控制方式，都应注意使扬声器不管处于关闭或播放状态时，都应能紧急开启消防应急广播。特别应注意在扬声器设有开关或音量调节器的日常广播或背景音乐系统中的应急广播方式，应将扬声器用继电器强制切换到消防应急广播线路上。合用广播的各设备应符合消防产品 CCCF 认证的要求。

在客房内设有床头控制柜音乐广播时，不论床头控制柜内扬声器在火灾时处于何种工作状态（开、关），都应能紧急切换到消防应急广播线路上，播放应急广播。

4.9 消防应急照明和疏散指示系统的联动控制设计

消防应急照明和疏散指示系统是为人员疏散、消防作业提供照明和疏散指示的系统，由各类消防应急灯具及相关装置组成。

4.9.1 系统分类

消防应急照明和疏散指示系统按系统形式可分为：自带电源集中

控制型（系统内可包括子母型消防应急灯具）、自带电源非集中控制型（系统内可包括子母型消防应急灯具）、集中电源集中控制型、集中电源非集中控制型。

集中控制型系统主要由应急照明集中控制器、双电源应急照明配电箱、消防应急灯具和配电线路等组成，消防应急灯具可为持续型或非持续型。其特点是所有消防应急灯具的工作状态都受应急照明集中控制器控制。发生火灾时，火灾报警控制器或消防联动控制器向应急照明集中控制器发出相关信号，应急照明集中控制器按照预设程序控制各消防应急灯具的工作状态。

集中电源非集中控制型系统主要由应急照明集中电源、应急照明分配电装置、消防应急灯具和配电线路等组成，消防应急灯具可为持续型或非持续型。发生火灾时，消防联动控制器联动控制集中电源和／或应急照明分配电装置的工作状态，进而控制各路消防应急灯具的工作状态。

自带电源非集中控制型系统主要由应急照明配电箱、消防应急灯具和配电线路等组成。发生火灾时，消防联动控制器联动控制应急照明配电箱的工作状态，进而控制各路消防应急灯具的工作状态。

4.9.2 灯具分类

灯具按用途分为：标志灯具、照明灯具（含疏散用手电筒）、照明标志复合灯具；按工作方式分为：持续型、非持续型；按应急供电形式分为：自带电源型、集中电源型、子母型；按应急控制方式分为：集中控制型、非集中控制型。

4.9.3 设计要求

4.9.3.1 消防应急照明和疏散指示系统的联动控制设计

1）集中控制型消防应急照明和疏散指示系统，应由火灾报警控制器或消防联动控制器启动应急照明控制器实现。

2) 集中电源非集中控制型消防应急照明和疏散指示系统，应由消防联动控制器联动应急照明集中电源和应急照明分配电装置实现。

3) 自带电源非集中控制型消防应急照明和疏散指示系统，应由消防联动控制器联动消防应急照明配电箱实现。

4.9.3.2 应急转换时间和应急转换控制的方式

当确认火灾后，由发生火灾的报警区域开始，顺序启动全楼疏散通道的消防应急照明和疏散指示系统，系统全部投入应急状态的启动时间不应大于 5 s。

4.10 相关联动控制设计

相关联动控制主要是在确认发生火灾后，火灾自动报警系统应能切断相关区域的非消防电源，打开疏散通道上的门禁系统控制的门、庭院的电动大门等设备，并及时打开停车场出入口的挡杆、闸杆，以保证人员的安全、快速疏散和火灾救援人员和装备进出火灾现场。

4.10.1 设计要求

消防联动控制器应具有切断火灾区域及相关区域的非消防电源的功能，当需要切断正常照明时，宜在自动喷淋系统、消火栓系统动作前切断。

消防联动控制器应具有自动打开涉及疏散的电动栅杆等的功能，宜开启相关区域安全技术防范系统的摄像机监视火灾现场。

消防联动控制器应具有打开疏散通道上由门禁系统控制的门和庭院的电动大门的功能，并应具有打开停车场出入口挡杆的功能。

4.10.2 设计提示

关于火灾确认后，火灾自动报警系统应能切断火灾区域及相关区域的非消防电源，在国内是极具争议的问题，各持理由，情况复杂。

各地区、各设计院的设计差异也很大。理论上讲，只要能确认不是供电线路发生的火灾，都可以先不切断电源，尤其是正常照明电源，如果发生火灾时正常照明正处于点亮状态，则应予以保持，因为正常照明的照度较高，有利于人员的疏散。正常照明、生活水泵供电等非消防电源只要在水系统动作前切断，就不会引起触电事故及二次灾害；其他在发生火灾时没必要继续工作的电源，或切断后也不会带来损失的非消防电源，可以在确认火灾后立即切断。新《火规》列出了火灾时应切断的非消防电源用电设备和不应切断的非消防电源用电设备，设计人员可参照执行。

火灾时可立即切断的非消防电源有：普通动力负荷、自动扶梯、排污泵、空调用电、康乐设施、厨房设施等。

火灾时不应立即切断的非消防电源有：正常照明、生活给水泵、安全防范系统设施、地下室排水泵、客梯和Ⅰ～Ⅲ类汽车库作为车辆疏散口的提升机。

关于切断点的位置，原则上应在变电所切断，比较安全。当用电设备采用封闭母线供电时，可在楼层配电小间切断。

5 火灾探测器的选择

5.1 一般规定

5.1.1 火灾探测器分类

火灾探测器是火灾自动报警系统的基本组成部分之一,它至少含有一个能够连续或以一定频率周期监视与火灾有关的适宜的物理和/或化学现象的传感器,并且至少能够向控制和指示设备提供一个合适的信号,是否报火警或操纵自动消防设备,可由探测器或控制和指示设备作出判断。

5.1.1.1 火灾探测器根据其探测火灾特征参数的不同分类

火灾探测器根据其探测火灾特征参数的不同,可以分为感烟、感温、感光、气体、复合等5种基本类型。

1) 感温火灾探测器:响应异常温度、温升速率和温差变化等参数的探测器。

2) 感烟火灾探测器:响应悬浮在大气中的燃烧和/或热解产生的固体或液体微粒的探测器,进一步可分为离子感烟、光电感烟、红外光束、吸气型等火灾探测器。

3) 感光火灾探测器:响应火焰发出的特定波段电磁辐射的探测器,又称火焰探测器,进一步可分为紫外、红外及其复合式等火灾探测器。

4) 气体火灾探测器:响应燃烧或热解产生的气体的火灾探测器。

5) 复合火灾探测器:将多种探测原理集中于一身的探测器,进一步可分为烟温复合、红外紫外复合等火灾探测器。

此外，还有一些特殊类型的火灾探测器，包括：使用摄像机、红外热成像器件等视频设备或它们的组合获取监控现场视频信息，进行火灾探测的图像型火灾探测器；探测泄漏电流大小的漏电流感应型火灾探测器；探测静电电位高低的静电感应型火灾探测器；还有在一些特殊场合使用的、要求探测极其灵敏、动作极为迅速，通过探测爆炸产生的参数变化（如压力的变化）信号来抑制、消灭爆炸事故发生的微压差型火灾探测器；利用超声原理探测火灾的超声波火灾探测器等。

5.1.1.2 火灾探测器根据其监视范围的不同分类

火灾探测器根据其监视范围的不同，分为点型火灾探测器和线型火灾探测器。

1）点型火灾探测器：响应一个小型传感器附近火灾特征参数的探测器。

2）线型火灾探测器：响应某一连续路线附近火灾特征参数的探测器。

此外，还有一种多点型火灾探测器：响应多个小型传感器（如热电偶）附近的火灾特征参数的探测器。

5.1.1.3 火灾探测器根据其是否具有复位（恢复）功能分类

火灾探测器根据其是否具有复位功能，分为可复位和不可复位两种类型。

1）可复位探测器：在响应后和在引起响应的条件终止时，不更换任何组件即可从报警状态恢复到监视状态的探测器。

2）不可复位探测器：响应后不能恢复到正常监视状态的探测器。

5.1.1.4 火灾探测器根据其是否具有可拆卸性分类

火灾探测器根据其维修和保养时是否具有可拆卸性，分为可拆卸和不可拆卸两种类型。

1) 可拆卸探测器：探测器设计成容易从正常运行位置上拆下来，以便维修和保养。

2) 不可拆卸探测器：在维修和保养时，探测器不容易从正常运行位置上拆下来。

5.1.2 火灾探测器的性能指标

5.1.2.1 工作电压和允差

工作电压是指火灾探测器正常工作时所需的电源电压。

允差是指火灾探测器工作电压允许波动的范围。按照国家标准规定，允差为额定工作电压的 $-15\% \sim 10\%$。

5.1.2.2 响应阈值

响应阈值是指火灾探测器动作的最小参数值，不同类型火灾探测器的响应阈值单位量纲也不相同，点型感烟式火灾探测器响应阈值为减光系数 m 值（dB/m）或烟离子对电离室中电离电流作用的参数 Y 值（无量纲）；线型感烟式火灾探测器的响应阈值是采用代表紫外线辐射强度的单位长度、单位时间的脉冲数（光敏管受光强照射后发出的脉冲数）；定温式火灾探测器的响应阈值为温度值（℃）；差温式火灾探测器的响应阈值为温升速率值（℃/min）；气体火灾探测器的响应阈值采用气体的浓度值（mg/m^3）。

5.1.2.3 监视电流

监视电流是指火灾探测器处于监视状态下的工作电流。监视电流表示火灾探测器在监视状态下的功耗，因此要求火灾探测器的监视电流越小越好。

5.1.2.4 允许的最大报警电流

允许的最大报警电流是指火灾探测器处于报警状态时允许的最大

工作电流。若超过此电流值，火灾探测器就可能损坏。允许的最大报警电流越大，表明火灾探测器的负载能力越强。

5.1.2.5 报警电流

报警电流是指处于报警状态时的工作电流。此值小于最大报警电流。报警电流值和允差值决定了火灾探测报警系统中火灾探测器的最远安装距离。

5.1.2.6 工作环境条件

工作环境条件指环境温度、相对湿度、气流速度和清洁程度等。通常要求火灾探测器对工作环境的适应性越强越好。

5.1.3 火灾探测器选择的一般设计原则

在选择火灾探测器时，要根据探测区域内可能发生的初期火灾的形成和发展特征、房间高度、环境条件以及可能引起误报的原因等因素来决定。

对火灾初期有阴燃阶段，产生大量的烟和少量的热，很少或没有火焰辐射的场所，应选择感烟火灾探测器。对火灾发展迅速，可产生大量热、烟和火焰辐射的场所，可选择感温火灾探测器、感烟火灾探测器、火焰探测器或其组合。对火灾发展迅速，有强烈的火焰辐射和少量烟、热的场所，应选择火焰探测器。对火灾初期有阴燃阶段，且需要早期探测的场所，宜增设一氧化碳火灾探测器。

对使用、生产可燃气体或可燃蒸气的场所，应选择可燃气体探测器。应通过对保护场所可能发生火灾的部位和燃烧材料的分析，并根据火灾探测器的类型、灵敏度和响应时间等选择相应的火灾探测器。对火灾形成特征不可预料的场所，可根据模拟试验的结果选择火灾探测器。同一探测区域内设置多个火灾探测器时，可选择具有复合判断火灾功能的火灾探测器和火灾报警控制器。

5.1.4 火灾形成和发展过程

火灾从本质上来讲是一种特定的物质燃烧过程，它遵循物质燃烧的基本规律，是能量转换的物理、化学过程。在物质燃烧过程中将产生燃烧气体、烟雾、热、光等。

物质燃烧产生的燃烧气体和烟雾，飘浮在空气中，有极强的流动性。如建筑物发生火灾时，燃烧气体和烟雾会进入建筑物内任何空间，从而形成缺氧、有毒气体等，对人的生命构成极大的威胁。

物质燃烧时，由于能量的转化，将释放热量，使环境温度升高。在缓慢燃烧阶段，温升不太显著；当物质着火后，由于火焰的热辐射和燃烧气流的对流加热效应，环境温度迅速上升，火焰的辐射除可见光外，还有大量的红外及紫外辐射。

物质的燃烧过程通常可分为早期阶段、阴燃阶段、火焰放热阶段及衰减阶段等，如图 5.1 所示。

1) 早期阶段：这一阶段由于物质燃烧开始的预热和气化作用，主要产生燃烧气体和不可见的气溶胶粒子。没有可见的烟雾和火焰，热量也相当少。环境温升不易鉴别出来，而这些燃烧气体和气溶胶粒子，通过布朗运动、扩散、燃烧产物的浮力以及背景的空气运动，引起微弱的对流。在此阶段，火情仅局限于火源所在部位的一个很小的有限

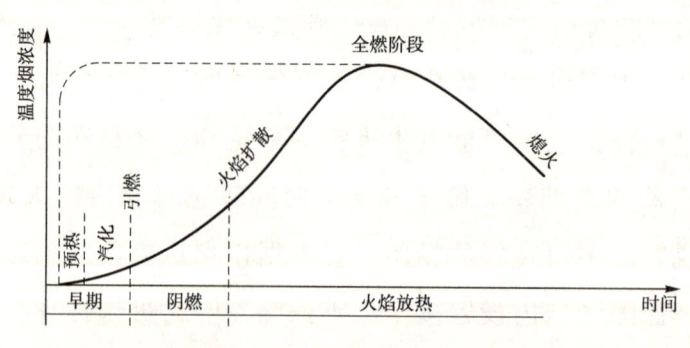

图 5.1　物质的燃烧过程

范围内，探测火情早期报警，应从此阶段就开始进行，探测对象是燃烧气体和气溶胶粒子。

2) 阴燃阶段：此阶段以引燃为起始标志，此时热解作用充分发展，产生大量的肉眼可见和不可见的烟雾，烟雾粒子通过程度逐渐增大的对流运动和背景的空气运动向四周扩散，充满建筑物的内部空间。但此阶段仍没有产生火焰，热量也较少，环境温度并不高，火情尚未达到蔓延发展的程度。此阶段仍是探测火情实现早期报警的重要阶段，探测对象是烟雾粒子。

3) 火焰放热阶段：这是物质燃烧的快速反应阶段，从着火（火焰初起）开始到燃烧充分发展成全燃阶段。由于物质内能的快速释放和转化，以火焰热辐射的形式呈球形波地向外传播热量，再加上强烈的对流运动，环境温度迅速上升，同时火情得以逐步蔓延扩散，而且蔓延的速度越来越快，范围越来越大。

4) 衰减阶段：这是物质经全面着火燃烧后逐步衰弱至熄灭的阶段。

在大多数情况下，火灾发生和发展过程中前两个阶段的时间比较长。在这段时间内，虽然产生了大量的燃烧气体和烟雾，但由于尚未着火，环境温度并不高，所以火情没有蔓延扩散，如果能及时探测到火情，实现早期报警，就可把火灾损失控制在最低程度，并保证人员不遭受伤亡。

有些火灾过程早期阶段和阴燃阶段不明显，骤然产生大量的热，在此情况下，及时报警的探测对象主要是热（温升）。又有些火灾过程一开始就着火爆燃，无早期阶段和阴燃阶段，在此情况下，及时报警的探测对象主要是光（火焰）。

5.2 点型火灾探测器的选择

对不同高度的房间，可按表5.1选择点型火灾探测器。

表 5.1 对不同高度的房间点型火灾探测器的选择

房间高度 h/m	点型感烟火灾探测器	点型感温火灾探测器			火焰探测器
		A1、A2	B	C、D、E、F、G	
$12 < h \leqslant 20$	不适合	不适合	不适合	不适合	适合
$8 < h \leqslant 12$	适合	不适合	不适合	不适合	适合
$6 < h \leqslant 8$	适合	适合	不适合	不适合	适合
$4 < h \leqslant 6$	适合	适合	适合	不适合	适合
$h \leqslant 4$	适合	适合	适合	适合	适合

注：表中 A1、A2、B、C、D、E、F、G 为点型感温探测器的不同类别，其具体参数应符合表 5.2 的规定。

1）下列场所宜选择点型感烟火灾探测器：

饭店、旅馆、教学楼、办公楼的厅堂、卧室、办公室、商场、列车载客车厢等；计算机房、通信机房、电影或电视放映室等；楼梯、走道、电梯机房、车库等；书库、档案库等。

由于汽车尾气排放要求的提高，以及车库自身环境及通风情况的改善，感烟探测器平时在这些场所不会出现误报，可以采用感烟探测器。如果车库的环境恶劣（如半敞开车库），选用感烟探测器会产生误报时，还应选用感温探测器。

2）符合下列条件之一的场所，不宜选择点型离子感烟火灾探测器：

相对湿度经常大于 95%；气流速度大于 5 m/s；有大量粉尘、水雾滞留；可能产生腐蚀性气体；在正常情况下有烟滞留；产生醇类、醚类、酮类等有机物质。

3）符合下列条件之一的场所，不宜选择点型光电感烟火灾探测器：

有大量粉尘、水雾滞留；可能产生蒸气和油雾；高海拔地区；在正常情况下有烟滞留等。

感烟火灾探测器的响应行为基本上是由它的工作原理决定的。不同烟粒径和不同可燃物产生的烟对两种探测器适用性是不一样的。从理论上讲，离子感烟火灾探测器可以探测任何一种烟，对粒子尺寸无特殊限制，只存在响应行为的数值差异，但其探测性能受长期潮湿影响较大。而光电感烟火灾探测器对粒径小于 0.4 μm 的粒子的响应较差。高海拔地区由于空气稀薄，烟粒子也稀薄，因此光电感烟探测器就不容易响应，而离子感烟探测器电离出来的离子本身就会由于空气稀薄而减少，所以其探测灵敏度不会受影响，因此高海拔地区宜选择离子感烟火灾探测器。3 种感烟火灾探测器对不同烟粒径的响应特性如图 5.2 所示。

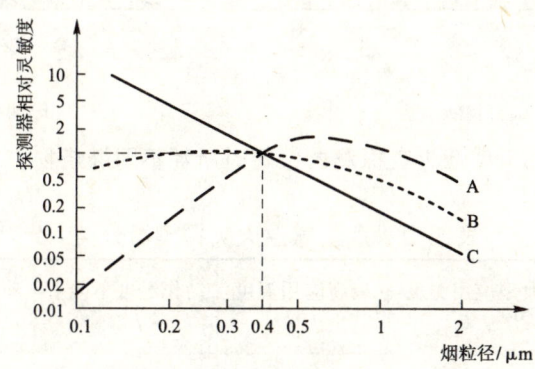

图 5.2　感烟火灾探测器对不同烟粒径的响应
A—散射型光电感烟火灾探测器；B—减光型光电感烟火灾探测器；C—离子感烟火灾探测器

图 5.3 给出了点型离子感烟火灾探测器和点型散射型光电感烟火灾探测器在标准燃烧实验中，燃烧不同的物质使探测器报警所需的物料消耗。

4）符合下列条件之一的场所，宜选择点型感温火灾探测器，且应根据使用场所的典型应用温度和最高应用温度选择适当类别的感温火灾探测器（其分类如表 5.2 所示）：

相对湿度经常大于 95%；可能发生无烟火灾；有大量粉尘；吸烟室等在正常情况下有烟或蒸气滞留的场所；厨房、锅炉房、发电机房、烘干车间等不宜安装感烟火灾探测器的场所；需要联动熄灭"安全

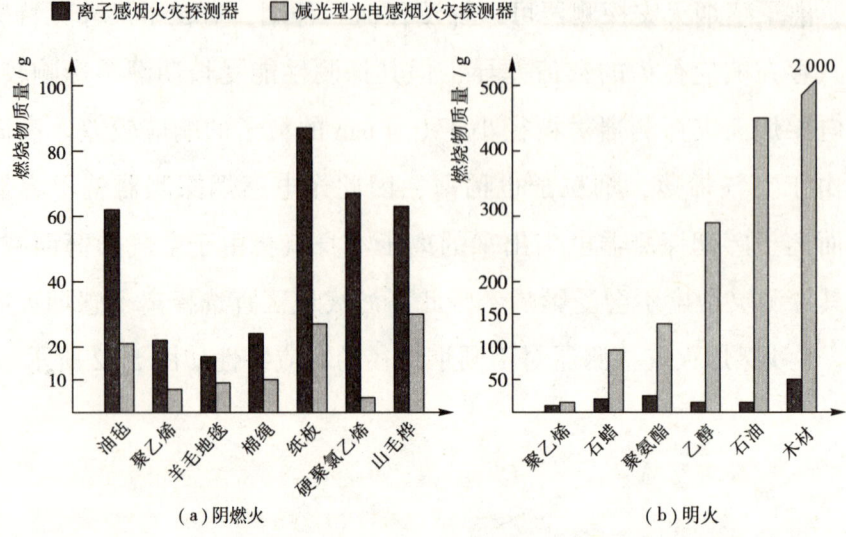

图 5.3 感烟火灾探测器报警时所耗不同燃烧物质质量

表 5.2 点型感温火灾探测器分类

探测器类别	典型应用温度 /℃	最高应用温度 /℃	动作温度下限值 /℃	动作温度上限值 /℃
A1	25	50	54	65
A2	25	50	54	70
B	40	65	69	85
C	55	80	84	100
D	70	95	99	115
E	85	110	114	130
F	100	125	129	145
G	115	140	144	160

出口"标志灯的安全出口内侧；其他无人滞留、且不适合安装感烟火灾探测器，但发生火灾时需要及时报警的场所。

5) 可能产生阴燃或发生火灾不及时报警将造成重大损失的场所，不宜选择点型感温火灾探测器；温度在 0 ℃ 以下的场所，不宜选择定温探测器；温度变化较大的场所，不宜选择具有差温特性的探测器。

　　一般说来，感温火灾探测器对火灾的探测不如感烟火灾探测器灵敏，它们对阴燃火不可能响应。只有当火焰大到一定程度时，感温火灾探测器才能响应，因此感温火灾探测器不适宜保护可能由小火造成不能允许损失的场所。现行的感温火灾探测器产品国家标准根据感温火灾探测器的使用环境温度确定探测器的响应时间，0℃以下场所，不适合使用定温感温火灾探测器。国家标准 GB 4716—2005《点型感温火灾探测器》规定具有差温响应性能的感温火灾探测器为 R 型感温火灾探测器（R 型探测器具有差温特性，对于高升温速率，即使从低于典型应用温度以下开始升温也能满足响应时间要求），不适合在温度变化较大的场所使用。

　　感温火灾探测器根据其用法不同，其报警信号的含义也不同。当感温火灾探测器直接用于探测物体温度变化，如堆垛内部温度变化、电缆温度变化等情况时，其报警信号会比感烟火灾探测器早很多，此时的报警信号的含义更多的成分是预警，并不表示已发展到火灾阶段，只是有引发火灾的可能。这种情况下感温火灾探测器的作用与探测由于真正发生火灾而引起空间温度变化的感温火灾探测器的作用有着本质的区别。在火灾发展过程中的温度参数和火焰参数通常被用于表示火灾发展的程度，就是说火灾发生后，探测空间温度的感温火灾探测器动作表明火灾已经发展到应该启动自动灭火设施的程度了，所以点型感温火灾探测器经常用于确认火灾并联动自动灭火系统。

　　6) 符合下列条件之一的场所，宜选择点型火焰探测器或图像型火焰探测器：

　　火灾时有强烈的火焰辐射；可能发生液体燃烧等无阴燃阶段的火灾；需要对火焰作出快速反应。

　　7) 符合下列条件之一的场所，不宜选择点型火焰探测器和图像型火焰探测器：

在火焰出现前有浓烟扩散；探测器的镜头易被污染；探测器的"视线"易被油雾、烟雾、水雾和冰雪遮挡；探测区域内的可燃物是金属和无机物；探测器易受阳光、白炽灯等光源直接或间接照射。

8) 探测区域内正常情况下有高温物体的场所，不宜选择单波段红外火焰探测器。

单波段红外探测器对黑体辐射敏感，当探测器监控范围内进入黑体射线，探测器的灵敏度将会受到影响，可能产生误报警。原因可能来自于能够产生足够热量的电力设备或探测房间内有其他高温物质。在探测器监控范围内的人或其他物体的运动也可能产生类似的情况（在探测波段范围内的黑体辐射都可能导致误报）。双波段红外火焰探测器增加一个额外波段的红外传感器，通过信号处理技术，对两个波段信号进行比较，判断是否是真实的火灾发生，具有较强的抗干扰性。

9) 正常情况下有阳光、明火作业，探测器易受 X 射线、弧光和闪电等影响的场所，不宜选择紫外火焰探测器。

10) 下列场所宜选择可燃气体探测器：

使用可燃气体的场所；燃气站和燃气表房以及存储液化石油气罐的场所；其他散发可燃气体和可燃蒸气的场所。

11) 在火灾初期产生一氧化碳的下列场所可选择点型一氧化碳火灾探测器：

烟雾不容易对流或顶棚下方有热屏障的场所；在棚顶上无法安装其他点型火灾探测器的场所；需要多信号复合报警的场所。

12) 污物较多且必须安装感烟火灾探测器的场所，应选择间断吸气的点型采样吸气式感烟火灾探测器或具有过滤网和管路自清洗功能的管路采样吸气式感烟火灾探测器。

5.3 线型火灾探测器
5.3.1 线型火灾探测器的选择

1) 无遮挡的大空间或有特殊要求的房间,宜选择线型光束感烟火灾探测器。

2) 符合下列条件之一的场所,不宜选择线型光束感烟火灾探测器:

有大量粉尘、水雾滞留;可能产生蒸气和油雾;在正常情况下有烟滞留;固定探测器的建筑结构由于振动等原因会产生较大位移的场所。

3) 下列场所或部位,宜选择缆式线型感温火灾探测器:

电缆隧道、电缆竖井、电缆夹层、电缆桥架;不易安装点型探测器的夹层、闷顶;各种皮带输送装置;其他环境恶劣,不适合点型探测器安装的场所。

4) 下列场所或部位,宜选择线型光纤感温火灾探测器:

除液化石油气外的石油储罐;需要设置线型感温火灾探测器的易燃易爆场所;需要监测环境温度的地下空间等场所宜设置具有实时温度监测功能的线型光纤感温火灾探测器;公路隧道、敷设动力电缆的铁路隧道和城市地铁隧道等。

5) 线型定温火灾探测器的选择,应保证其不动作温度符合设置场所的最高环境温度的要求。

线型感温火灾探测器包括缆式线型感温火灾探测器和线型光纤感温火灾探测器。缆式线型感温火灾探测器特别适合于保护厂矿的电缆设施。在这些场所使用时,线型探测器应尽可能贴近可能发热或过热部位,或者安装在危险部位上,使其与可能过热部位接触。线型光纤感温火灾探测器具有高可靠性、高安全性、抗电磁干扰能力强、绝缘性能高等优点,可以工作在高压、大电流、潮湿及爆炸环境中,探测器维护简单,可免清洗,一根光纤可探测数千米范围;但其最小报警长度比缆式线型感温火灾探测器长得多,因此只适用于比较长的区域同时发热或起火初期燃烧面比较大的场所,不适合使用在局部发热或局部起火就需要快速响应的场所。

5.3.2 线型火灾探测器的安装

5.3.2.1 线型红外光束感烟火灾探测器的安装

线型红外光束感烟火灾探测器的安装,应符合下列要求:①光束轴线至顶棚的垂直距离宜为 0.3~1.0 m,在大空间场所安装时,光束轴线距被保护地面(或楼地面)高度不宜超过 20 m。②发射器和接收器之间的探测区域长度不宜超过 100 m。③相邻两组探测器的水平距离不应大于 14 m。探测器至侧墙水平距离不应大于 7 m,且不应小于 0.5 m。④发射器和接收器之间的光路上应无遮挡物或干扰源。⑤发射器和接收器应安装牢固,防止位移。

5.3.2.2 缆式线型感温探测器的安装

在电缆桥架、变压器等设备上安装时,宜采用接触式布置;在各种皮带输送装置上敷设时,宜敷设在装置的过热点附近。

5.3.2.3 空气管式线型差温探测器的安装

敷设在顶棚下方的线型差温探测器,至顶棚距离宜为 0.1 m,相邻探测器之间水平距离不宜大于 5 m;探测器至墙壁距离宜为 1~1.5 m。

5.4 吸气式感烟火灾探测器的选择

吸气式感烟火灾探测器产品标准中,按灵敏度指标的不同将吸气式感烟火灾探测器分为高灵敏、灵敏和普通 3 个类型(表 5.3)。

表 5.3　吸气式感烟火灾探测器分类

探测器类型	响应阈值 m（用减光率表示）
高灵敏	$m \leqslant 0.8\% \text{ obs}/\text{m}$
灵敏	$0.8\% \text{ obs}/\text{m} < m \leqslant 2\%\% \text{ obs}/\text{m}$
普通	$m > 2\% \text{ obs}/\text{m}$

产品选型应符合产品检测报告中关于产品类型的描述。

1）下列场所宜选择吸气式感烟火灾探测器：

具有高速气流的场所；点型感烟、感温火灾探测器不适宜的大空间、舞台上方、建筑高度超过 12 m 或有特殊要求的场所；低温场所；需要进行隐蔽探测的场所；需要进行火灾早期探测的重要场所；人员不宜进入的场所。

具有高速气流的场所：如电信机房、计算机房、无尘室等任何通过空气调节作用而保持正压的场所。在这些场所中，烟雾通常被气流高度稀释，这给点型感烟探测技术的可靠探测带来了困难。而吸气式感烟火灾探测器由于采用主动的吸气式采样方式，并且系统通常具有很高的灵敏度，加之布管灵活，所以就成功地解决了气流对于烟雾探测的影响。

一旦发生火灾会造成较大损失的场所，如通信设施、服务器机房、金融数据中心、艺术馆、图书馆、重要资料室等；对空气质量要求较高的场所，如无尘室、精密零件加工场所、电子元器件生产场所等，是需要早期探测火灾的特殊场所，因此应选择高灵敏型吸气式感烟火灾探测器。但这些场所使用的探测器的采样管网的长度和开孔数量均应小于探测器最大设计参数，以保证其灵敏度符合要求，必要时需要实际测量探测器的灵敏度。

2）灰尘比较大的场所，不应选择没有过滤网和管路自清洗功能的管路采样式吸气式感烟火灾探测器。

虽然管路采样式吸气式感烟火灾探测器可以通过采用具备某些形式的灰尘辨别来实现对灰尘的有效识别，但灰尘比较大的场所将很快导致管路采样式吸气式感烟火灾探测器和管路受到污染，如果没有过滤网和管路自清洗功能，探测器很难在这样恶劣的条件下正常工作。

由于吸气式感烟探测器主动吸气采样的特点，它能适应多种气流环境，目前的大多数高灵敏度吸气式感烟探测器都具有灵敏度可调的设置功能，对重要的设备机柜等可以考虑单独安装吸气式感烟探测器进行特别保护，它不仅适用于点型感烟探测器所适用的大多数工作场所，也适用于表5.4中有特殊要求的场所。

表5.4 吸气式火灾探测器所适用的特殊场所

有特殊要求的场所	举例
具有高空气流量、高大开敞空间（顶棚高度超过12 m）的场所	仓库、飞机库、宾馆门厅、演播厅等高大建筑
低温场所	冷库
外观有要求，需要进行隐蔽探测的场所	古建筑、博物馆、艺术展室等
肮脏/多灰尘的恶劣场所	发电站、矿山、造纸厂、普通工厂车间等
洁净厂房	洁净等级为1~100 000要求的洁净厂房等
防爆场所和强电磁场、强辐射等场所	军火库、化工设施、加速器、微波室、电视发射塔、雷达站等
人员不宜进入的场所	核电站等
业务不宜中断，需要进行火灾早期探测的关键场所	电信机房、计算机机房、电话交换机机房、电信接入机房、程控机房、传输机房、基站、无菌室、电视台、广播电台、电缆隧道、银行、大型自动化调度室、电力调度机房、铁路调度中心、变电站内的开关室、控制室、蓄电池室、可燃介质电容器室、电抗器室、电缆室、换流站内的通信房、计算机房、电缆夹层或电缆隧道等
需要有足够时间进行火灾疏散的场所	医院、剧院、教堂、车站、学校、监狱等
具有高价值物品和装备的场所	飞行模拟室、培训室、控制室等

6 系统设备的设置

6.1 火灾报警控制器和消防联动控制器的设置

6.1.1 基本概念

6.1.1.1 火灾报警控制器

火灾报警控制器担负着为火灾探测器提供稳定的工作电源，监视探测器及系统自身的工作状态，接收、转换、处理火灾探测器输出的报警信号，进行声光报警，指示报警的具体部位及时间，同时执行相应辅助控制等诸多任务，是火灾报警系统的核心组成部分。火灾报警控制器功能的多少反映出火灾自动报警系统的技术构成、可靠性、稳定性和性价比等因素。

6.1.1.2 消防联动控制器

消防联动控制器是消防联动控制系统的核心组件，通过接收火灾报警控制器发出的火灾报警信息，按预设逻辑对建筑中设置的自动消防系统（设施）进行联动控制。消防联动控制器可直接发出控制信号，通过驱动装置控制现场的受控设备；对于控制逻辑复杂且在消防联动控制器上不便实现直接控制的情况，可通过消防电气控制装置（如防火卷帘控制器、气体灭火控制器等）间接控制受控设备，同时接收自动消防系统（设施）动作的反馈信号。

1. 基本功能

1）消防联动控制器应能为其连接的部件供电，直流工作电压应符合 GB/T 156—2007《标准电压》的规定，可优先采用直流 24 V。

2）消防联动控制器主电源应采用 220 V、50 Hz 交流电源，电源线输入端应设接线端子。

3）消防联动控制器应具有中文功能标注，用文字显示信息时应采用中文。

2. 控制功能

1）消防联动控制器应能按设定的逻辑直接或间接控制其连接的各类受控消防设备（以下称受控设备）。

2）消防联动控制器在接收到火灾报警信号后，应在 3 s 内发出启动信号。

3）消防联动控制器应能显示所有受控设备的工作状态。

4）消防联动控制器应能接收来自相关火灾报警控制器的火灾报警信号。

5）消防联动控制器应能接收连接的消火栓按钮、水流指示器、报警阀、气体灭火系统启动按钮等触发器件发出的报警（动作）信号，显示其所在的部位。

6）消防联动控制器应能以手动和自动两种方式完成控制功能。

7）消防联动控制器应具有对每个受控设备进行手动控制的功能。

8）消防联动控制器应能通过手动或通过程序的编写输入启动的逻辑关系。

9）消防联动控制器在自动方式下，手动插入操作优先。

10）消防联动控制器应可以对特定的控制输出功能设置延时。

11）消防联动控制器应具有对管网气体灭火系统的控制和显示功能。

12）消防联动控制器复位后，仍保持原工作状态的受控设备的相关信息应保持或在 20 s 内重新建立。

13）具有信息记录功能的消防联动控制器应能至少记录 999 条相关信息，且在消防联动控制器断电后能保持 14 d。

14）消防联动控制器应对控制输出有相应的输入"或"逻辑和/或"与"逻辑编程功能。

除控制功能外，消防联动控制器还应具有故障报警功能、屏蔽功能（仅适于具有此项功能的消防联动控制器）、自检功能、信息显示与查询功能、电源功能。

6.1.2 设置场所

火灾报警控制器和消防联动控制器是火灾自动报警系统的核心组件，是系统中火灾报警与警报的监控管理枢纽和人机交互平台，新《火规》规定，应设置在消防控制室内或有人值班的房间和场所。

区域报警系统的保护对象，若受建筑用房面积的限制，可以不设置消防值班室，火灾报警控制器可设置在有人值班的房间（如保卫部门值班室、配电室、传达室等），但该值班室应昼夜有人值班，并且应由消防、保卫部门直接领导管理。

由于区域火灾报警控制器各类信息均在集中火灾报警控制器上集中显示，发生火灾时也不需要人工操作，因此可以不需要有专人看管。考虑到我国的实际情况，新《火规》规定了集中报警系统和控制中心报警系统中的区域火灾报警控制器可以有条件地设置在无人值班的场所：

1）本区域内无需要手动控制的消防联动设备。

2）本火灾报警控制器的所有信息在集中火灾报警控制器上均有显示，且能接收集中火灾报警控制器的联动控制信号，并自动启动相应的消防设备。

3）设置的场所只有值班人员可以进入。

集中报警系统和控制中心报警系统，火灾报警控制器和消防联动控制器（设备）应设在专用的消防控制室或消防值班室内，以保证系统可靠运行和有效管理。

6.1.3 设计要求

6.1.3.1 火灾报警控制器和消防联动控制器等在消防控制室内的布置

新《火规》从使用的角度，对消防控制室的设备布置作出了原则性规定。根据对重点城市、重点工程消防控制室设置情况的调查，不同地区、不同工程消防控制室的规模差别很大，控制室面积有的大到$60\sim80\ m^2$，有的小到$10\ m^2$。面积大了造成一定的浪费，面积小了又影响消防值班人员的工作。为满足消防控制室值班、维修人员工作的需要，便于设计部门各专业协调工作，参照建筑电气设计的有关规程，对建筑内消防控制设备的布置及操作、维修所必需的空间作了原则性规定，以便使建设、设计、规划等有关部门有章可循，使消防控制室的设计既满足工作的需要又避免浪费。

对于消防控制室规模大小，各国都是根据自己的国情规定的。新《火规》的规定是为了满足消防工作的实际需要。在设计中根据实际需要，还应考虑到值班人员休息和维修活动的面积。

火灾报警控制器和消防联动控制器等在消防控制室内的布置，应符合以下规定：

1）设备面盘前的操作距离，单列布置时不应小于$1.5\ m$；双列布置时不应小于 2 m。

2）在值班人员经常工作的一面，设备面盘至墙的距离不应小于 3 m。

3）设备面盘后的维修距离不宜小于 1 m。

4）设备面盘的排列长度大于 4 m 时，其两端应设置宽度不小于 1 m 的通道。

5）与建筑其他弱电系统合用的消防控制室内，消防设备应集中设置，并应与其他设备间有明显间隔。

6.1.3.2 火灾报警控制器和消防联动控制器（设备）壁挂式安装

新《火规》对火灾报警控制器和消防联动控制器（设备）采用壁挂式安装时的安装要求作出了规定：火灾报警控制器和消防联动控制器采用壁挂方式安装时，其主显示屏高度宜为 1.5～1.8 m，其靠近门轴的侧面距墙不应小于 0.5 m，正面操作距离不应小于 1.2 m。

6.2 火灾探测器的设置

6.2.1 基本概念

火灾探测器根据其探测火灾特征参数的不同，可以分为感烟、感温、感光、气体、复合等 5 种基本类型。火灾探测器类型的选择，要根据探测区域内可能发生的初期火灾的形成和发展特征、房间高度、环境条件，以及可能引起误报的原因等因素来决定。新《火规》第 5 章对火灾探测器的选择进行了规定，在此不赘述。

结合火灾探测器产品发展现状，新《火规》在 1998 版的基础上增加了目前已有运用的火灾探测器，设计人员应依据规范正确设计选用，对于新《火规》未涉及的其他火灾探测器应按企业提供的设计手册或使用说明书进行设置。

下面具体介绍火灾探测器的设置场所及设计要求。

6.2.2 设置场所

火灾探测器可设置在下列部位：

1) 财贸金融楼的办公室、营业厅、票证库。

2) 电信楼、邮政楼的机房和办公室。

3) 商业楼、商住楼的营业厅，展览楼的展览厅和办公室。

4) 旅馆的客房和公共活动用房。

5) 电力调度楼、防灾指挥调度楼等的微波机房、计算机房、控制机房、动力机房和办公室。

6) 广播电视楼的演播室、播音室、录音室、办公室、节目播出技术用房、道具布景房。

7) 图书馆的书库、阅览室、办公室。

8) 档案楼的档案库、阅览室、办公室。

9) 办公楼的办公室、会议室、档案室。

10) 医院病房楼的病房、办公室、医疗设备室、病历档案室、药品库。

11) 科研楼的办公室、资料室、贵重设备室、可燃物较多和火灾危险性较大的实验室。

12) 教学楼的电化教室、理化演示和实验室、贵重设备和仪器室。

13) 公寓（宿舍、住宅）的卧房、书房、起居室（前厅）、厨房。

14) 甲、乙类生产厂房及其控制室。

15) 甲、乙、丙类物品库房。

16) 设在地下室的丙、丁类生产车间和物品库房。

17) 堆场、堆垛、油罐等。

18) 地下铁道的地铁站厅、行人通道和设备间，列车车厢。

19）体育馆、影剧院、会堂、礼堂的舞台、化妆室、道具室、放映室、观众厅、休息厅及其附设的一切娱乐场所。

20）陈列室、展览室、营业厅、商业餐厅、观众厅等公共活动用房。

21）消防电梯、防烟楼梯的前室及合用前室、走道、门厅、楼梯间。

22）可燃物品库房、空调机房、配电室（间）、变压器室、自备发电机房、电梯机房。

23）净高超过2.6 m且可燃物较多的技术夹层。

24）敷设具有可延燃绝缘层和外护层电缆的电缆竖井、电缆夹层、电缆隧道、电缆配线桥架。

25）贵重设备间和火灾危险性较大的房间。

26）电子计算机的主机房、控制室、纸库、光或磁记录材料库。

27）经常有人停留或可燃物较多的地下室。

28）歌舞娱乐场所中经常有人滞留的房间和可燃物较多的房间。

29）高层汽车库，Ⅰ类汽车库，Ⅰ、Ⅱ类地下汽车库，机械立体汽车库，复式汽车库，采用升降梯作为汽车疏散出口的汽车库（敞开车库可不设）。

30）污衣道前室、垃圾道前室、净高超过0.8 m的具有可燃物的闷顶、商业用或公共厨房。

31）以可燃气体为燃料的商业和企事业单位的公共厨房及燃气表房。

32）其他经常有人停留的场所、可燃物较多的场所或燃烧后产生重大污染的场所。

33）需要设置火灾探测器的其他场所。

6.2.3 设计要求

6.2.3.1 点型火灾探测器的设置要求

探测区域的每个房间应至少设置一只火灾探测器。这里提到的"每个房间"是指一个探测区域中可相对独立的房间,包括火车卧铺车厢的封闭空间等类似场所,即使该房间的面积比一只探测器的保护面积小得多,也应设置一只探测器保护。

1. 探测器的保护面积和保护半径

确定建筑中设置点型火灾探测器的数量,首先要确定探测器的保护面积及保护半径。探测器的保护面积指一只火灾探测器能有效探测的面积,保护半径是指一只火灾探测器能有效探测的单向最大水平距离。

感烟火灾探测器和A1、A2、B型感温火灾探测器的保护面积和保护半径,应按表6.1确定;C、D、E、F、G型感温火灾探测器的保护面积和保护半径,应根据生产企业设计说明书确定,但不应超过表6.1的规定。

表6.1 点型火灾探测器的保护面积和保护半径

火灾探测器的种类	地面面积 S/m^2	房间高度 h/m	一只探测器的保护面积 A 和保护半径 R					
			屋顶坡度 θ					
			$\theta \leq 15°$		$15° < \theta \leq 30°$		$\theta > 30°$	
			A/m^2	R/m	A/m^2	R/m	A/m^2	R/m
感烟火灾探测器	$S \leq 80$	$h \leq 12$	80	6.7	80	7.2	80	8.0
	$S > 80$	$6 < h \leq 12$	80	6.7	100	8.0	120	9.9
		$h \leq 6$	60	5.8	80	7.2	100	9.0
感温火灾探测器	$S \leq 30$	$h \leq 8$	30	4.4	30	4.9	30	5.5
	$S > 30$	$h \leq 8$	20	3.6	30	4.9	40	6.3

注:建筑高度不超过14 m的封闭探测空间,且火灾初期会产生大量的烟,可设置点型感烟火灾探测器。

新《火规》6.2.2 条第 2 款规定的点型火灾探测器的保护面积，是在一个特定的实验条件下，通过 4 种典型的试验火试验提供的数据，并参照国外先进国家的规范制订的，用来作为设计人员确定火灾自动报警系统中采用探测器数量的主要依据：

1）当探测器装于不同坡度的顶棚上时，随着顶棚坡度的增大，烟雾沿斜顶棚和屋脊聚集，使得安装在屋脊或顶棚的探测器进烟或感受热气流的机会增加。因此，探测器的保护半径可相应地增大。

2）当探测器监视的地面面积 $S > 80 \text{ m}^2$ 时，安装在其顶棚上的感烟探测器受其他环境条件的影响较小。房间越高，火源和顶棚之间的距离越大，则烟均匀扩散的区域越大，对烟的容量也越大，人员疏散时间就越有保证。因此，随着房间高度增加，探测器保护的地面面积也增大。

3）感烟火灾探测器对各种不同类型火灾的灵敏度有所不同，但考虑到房间越高烟越稀薄的情况，当房间高度增加时，可将探测器的灵敏度相应地调高。

建筑高度不超过 14 m 的封闭探测空间，且火灾初期会产生大量的烟时，可设置点型感烟火灾探测器，是根据实际试验结果制订的。

凡按现行国家标准 GB 4715—2005《点型感烟火灾探测器》和国家标准 GB 4716—2005《点型感温火灾探测器》检验合格的产品，其保护面积均符合新《火规》的规定。

2. 探测器安装间距

感烟火灾探测器、感温火灾探测器的安装间距，应根据探测器的保护面积 A 和保护半径 R 确定，并不应超过图 6.1 探测器安装间距的极限曲线 $D_1 \sim D_{11}$（含 D_9'）规定的范围。

图 6.1 中感烟火灾探测器、感温火灾探测器的安装间距 a、b 是指

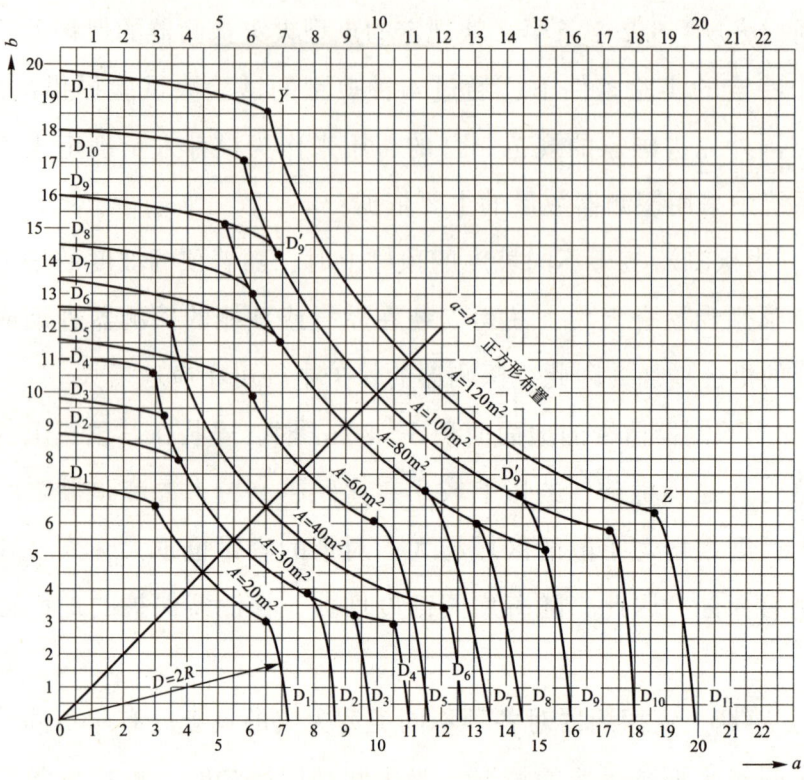

图 6.1 探测器安装间距的极限曲线

A — 探测器的保护面积，m^2；a、b — 探测器的安装间距，m；$D_1 \sim D_{11}$（含 D_9'）— 在不同保护面积 A 和保护半径 R 下确定探测器安装间距 a、b 的极限曲线；Y、Z — 极限曲线的端点（在 Y 和 Z 两点间的曲线范围内，保护面积可得到充分利用）

图 6.2 中 1#探测器和 2#~5#相邻探测器之间的距离，不是 1#探测器与 6#~9#探测器之间的距离。

图 6.1 中由探测器的保护面积 A 和保护半径 R 确定探测器的安装间距 a、b 的极限曲线 $D_1 \sim D_{11}$（含 D_9'）是按照下列方程绘制的：

$$a \cdot b = A$$
$$a^2 + b^2 = (2R)^2 \tag{1}$$

这些极限曲线端点 Y_i 和 Z_i 的坐标值 (a_i, b_i)，即安装间距 a、b 在极限曲线端点的一组数值,如表6.2所示。

表6.2 极限曲线端点 Y_i 和 Z_i 坐标值 (a_i, b_i)

极限曲线	Y_i (a_i, b_i) 点	Z_i (a_i, b_i) 点
D_1	Y_1 (3.1, 6.5)	Z_1 (6.5, 3.1)
D_2	Y_2 (3.8, 7.9)	Z_2 (7.9, 3.8)
D_3	Y_3 (3.2, 9.2)	Z_3 (9.2, 3.2)
D_4	Y_4 (2.8, 10.6)	Z_4 (10.6, 2.8)
D_5	Y_5 (6.1, 9.9)	Z_5 (9.9, 6.1)
D_6	Y_6 (3.3, 12.2)	Z_6 (12.2, 3.3)
D_7	Y_7 (7.0, 11.4)	Z_7 (11.4, 7.0)
D_8	Y_8 (6.1, 13.0)	Z_8 (13.0, 6.1)
D_9	Y_9 (5.3, 15.1)	Z_9 (15.1, 5.3)
D_9'	Y_9' (6.9, 14.4)	Z_9' (14.4, 6.9)
D_{10}	Y_{10} (5.9, 17.0)	Z_{10} (17.0, 5.9)
D_{11}	Y_{11} (6.4, 18.7)	Z_{11} (18.7, 6.4)

极限曲线 $D_1 \sim D_4$ 和 D_6 适宜于保护面积 A 等于 20 m²、30 m² 和 40 m² 及保护半径 R 等于 3.6 m、4.4 m、4.9 m、5.5 m、6.3 m 的感温火灾探测器;极限曲线 D_5 和 $D_7 \sim D_{11}$(含 D_9')适宜于保护面积 A 等于 60 m²、80 m²、100 m² 和 120 m² 及保护半径 R 等于 5.8 m、6.7 m、7.2 m、8.0 m、9.0 m 和 9.9 m 的感烟火灾探测器。

3. 探测器的设置数量

一个探测区域内需设置的探测器数量,不应小于下式的计算值:

$$N = \frac{S}{K \cdot A} \tag{2}$$

式中 N ——探测器数量,应取整数,只;

S——该探测区域面积，m^2；

A——探测器的保护面积，m^2；

K——修正系数，容纳人数超过 10 000 人的公共场所宜取 0.7~0.8，容纳人数为 2 000~10 000 人的公共场所宜取 0.8~0.9，容纳人数为 500~2 000 人的公共场所宜取 0.9~1.0，其他场所可取 1.0。

式中给出的修正系数 K，是根据人员数量确定的，人员数量越大，疏散要求越高，就越需要尽早报警，以便尽早疏散。

4. 实例

例：一个地面面积为 30 m×40 m 的生产车间，其屋顶坡度为 15°，房间高度为 8 m，使用点型感烟火灾探测器保护。试问，应设多少只感烟火灾探测器？应如何布置这些探测器？

解：(1) 确定感烟火灾探测器的保护面积 A 和保护半径 R。

查表 6.1，得感烟火灾探测器保护面积为 $A = 80 \, m^2$，保护半径 $R = 6.7 \, m$。

(2) 计算所需探测器设置数量。

选取 $K = 1.0$，按公式 (2) 有

$$N = \frac{S}{K \cdot A}$$

$$= \frac{1\,200}{1.0 \times 80}$$

$$= 15 \,（只）$$

(3) 确定探测器的安装间距 a、b。

由保护半径 R，确定保护直径 $D = 2R = 2 \times 6.7 = 13.4 \,(m)$，由图 6.1 可确定 $D_i = D_7$，应利用 D_7 极限曲线确定 a 和 b 值。根据现场实

际，选取 $a = 8$ m（极限曲线两端点间值），得 $b = 10$ m，其布置方式见图6.2。

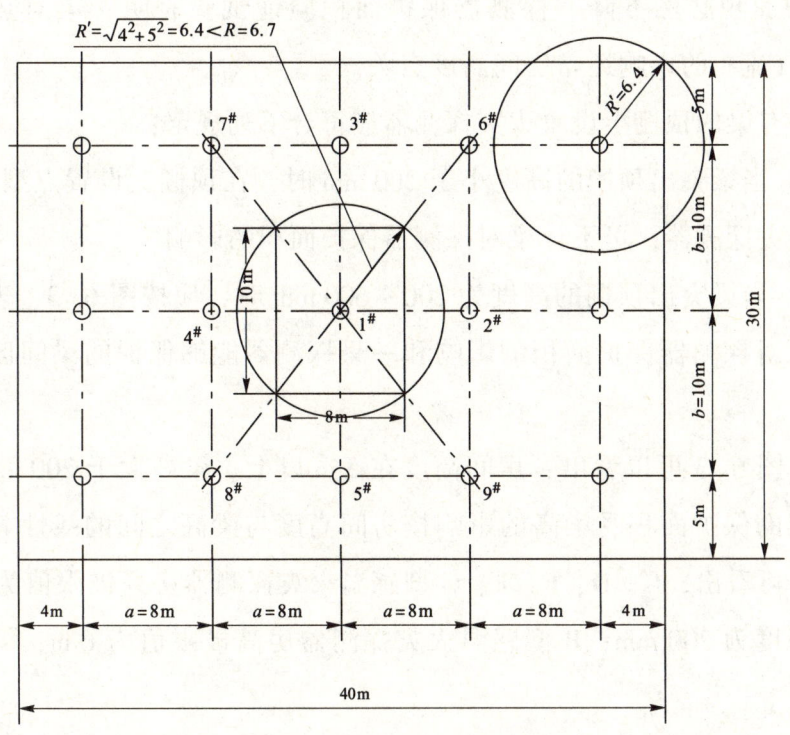

图 6.2 探测器布置示例

(4) 校核按安装间距 $a = 8$ m、$b = 10$ m 布置后，探测器到最远点水平距离 R' 是否符合保护半径要求。按式：

$$R' = \sqrt{(\frac{a}{2})^2 + (\frac{b}{2})^2}$$

$$= 6.4 \text{ m}$$

即 $R' = 6.4$ m，小于保护半径 6.7 m，所以，在保护半径之内。

6.2.3.2 在有梁的顶棚上设置火灾探测器

新《火规》对顶棚有梁时安装探测器进行了原则性规定。由于梁对烟的蔓延会产生阻碍，使探测器的保护面积受到梁的影响。如果梁间区域（指高度在 200～600 mm 之间的梁所包围的区域）的面积较小，梁对热气流（或烟气流）形成障碍，并吸收一部分热量，因而探测器的保护面积必然下降。探测器保护面积验证试验表明，梁对热气流（或烟气流）的影响还与房间高度有关。

在有梁的顶棚上设置火灾探测器应符合下列规定：

1) 当梁突出顶棚的高度小于 200 mm 时，在顶棚上设置点型感烟、感温火灾探测器，可不计梁对探测器保护面积的影响。

2) 当梁突出顶棚的高度为 200～600 mm 时，应按图 6.3、表 6.3 确定梁对探测器保护面积的影响和一只探测器能够保护的梁间区域的数量。

由图 6.3 可以看出，房间高度在 5 m 以上、梁高大于 200 mm 时，探测器的保护面积受梁高的影响按房间高度与梁高之间的线性关系考虑。还可看出，C、D、E、F、G 型感温火灾探测器房高极限值为 4 m，梁高限度为 200 mm；B 型感温火灾探测器房高极限值为 6 m，梁高限

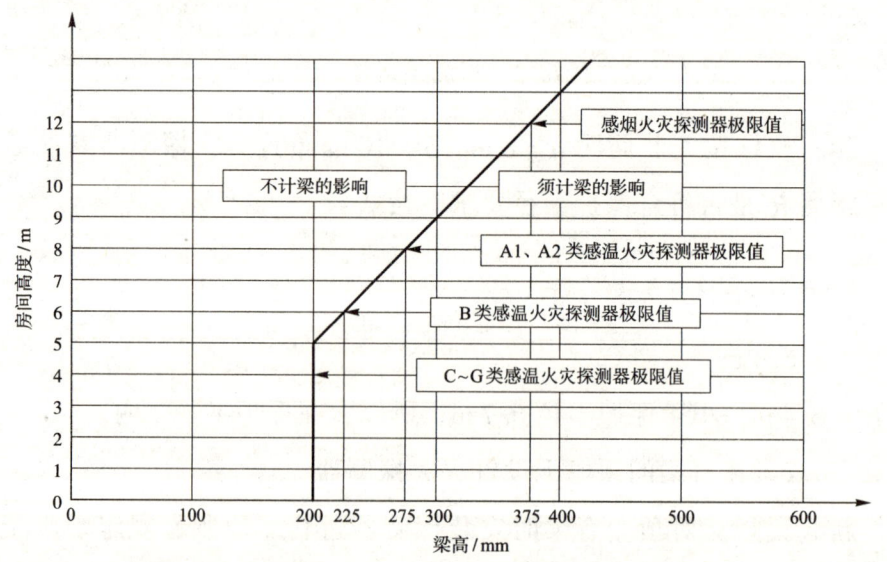

图 6.3 不同高度的房间梁对探测器设置的影响

表 6.3 按梁间区域面积确定一只探测器保护的梁间区域的个数

探测器的保护面积 A/m^2	梁隔断的梁间区域面积 Q/m^2	一只探测器保护的梁间区域的个数
感温探测器		
20	$Q > 12$	1
20	$8 < Q \leq 12$	2
20	$6 < Q \leq 8$	3
20	$4 < Q \leq 6$	4
20	$Q \leq 4$	5
30	$Q > 18$	1
30	$12 < Q \leq 18$	2
30	$9 < Q \leq 12$	3
30	$6 < Q \leq 9$	4
30	$Q \leq 6$	5
感烟探测器		
60	$Q > 36$	1
60	$24 < Q \leq 36$	2
60	$18 < Q \leq 24$	3
60	$12 < Q \leq 18$	4
60	$Q \leq 12$	5
80	$Q > 48$	1
80	$32 < Q \leq 48$	2
80	$24 < Q \leq 32$	3
80	$16 < Q \leq 24$	4
80	$Q \leq 16$	5

度为 225 mm；A1、A2 型感温火灾探测器房高极限值为 8 m，梁高限度为 275 mm；感烟火灾探测器房高极限值为 12 m，梁高限度为 375 mm。若梁高超过上述限度，即线性曲线右边部分均须计梁的影响。

3) 当梁突出顶棚的高度超过 600 mm 时，被梁隔断的每个梁间区域应至少设置一只探测器。

4）当被梁隔断的区域面积超过一只探测器的保护面积时，则应将被隔断的区域视为一个探测区域，并应按新《火规》6.2.2条第4款规定计算探测器的设置数量。

5）当梁间净距小于1 m时，可视为平顶棚，不计梁对探测器保护面积的影响。

6.2.3.3 屋顶有热屏障时点型感烟火灾探测器的设置

当屋顶有热屏障时，点型感烟火灾探测器下表面至顶棚或屋顶的距离应符合表6.4的规定。

表6.4 点型感烟火灾探测器下表面至顶棚或屋顶的距离

探测器的安装高度 h/m	点型感烟火灾探测器下表面至顶棚或屋顶的距离 d/mm					
	顶棚或屋顶坡度 θ					
	$\theta \leq 15°$		$15° < \theta \leq 30°$		$\theta > 30°$	
	最小	最大	最小	最大	最小	最大
$h \leq 6$	30	200	200	300	300	500
$6 < h \leq 8$	70	250	250	400	400	600
$8 < h \leq 10$	100	300	300	500	500	700
$10 < h \leq 12$	150	350	350	600	600	800

由于屋顶受辐射热作用或因其他因素影响，在顶棚附近可能产生空气滞留层，从而形成热屏障。火灾时，该热屏障将在烟雾和气流通向探测器的道路上形成障碍作用，影响探测器探测烟雾。同样，带有金属屋顶的仓库，夏天屋顶下边的空气可能被加热而形成热屏障，使得烟在热屏障下边不能到达顶部，而冬天降温作用也会妨碍烟的扩散。这些都将影响探测器的有效探测，而这些影响通常还与顶棚或屋顶形状以及安装高度有关。为此，按表6.4规定感烟火灾探测器下表面至

顶棚或屋顶的距离安装探测器，以减少上述影响。

在人字型屋顶和锯齿型屋顶情况下，热屏障的作用特别明显。图6.4给出探测器在不同形状顶棚或屋顶下，其下表面至顶棚或屋顶的距离d的示意图。

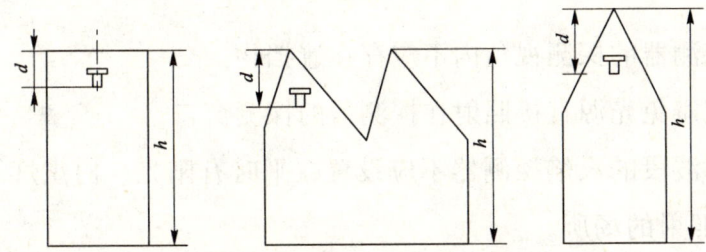

图6.4 感烟探测器在不同形状顶棚或屋顶下
其下表面至顶棚或屋顶的距离d

感温火灾探测器通常受这种热屏障的影响较小，所以感温探测器总是直接安装在顶棚上（吸顶安装）。

6.2.3.4 探测器在顶棚上安装

探测器在顶棚上宜水平安装。当倾斜安装时，倾斜角θ不应大于45°。当倾斜角θ大于45°时，应加木台安装探测器，如图6.5所示。

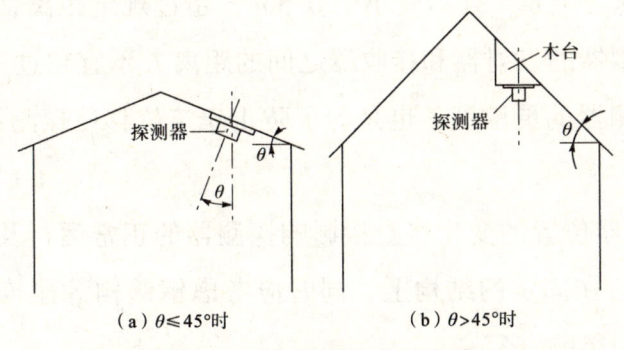

（a）$\theta \leqslant 45°$时　　　（b）$\theta > 45°$时

图6.5 探测器的安装角度

θ—屋顶的法线与垂直方向的交角

6.2.3.5 火焰探测器和图像型火灾探测器的设置

火焰探测器和图像型火灾探测器的设置,应符合下列规定:

1)应计及探测器的探测视角及最大探测距离,可通过选择探测距离长、火灾报警响应时间短的火焰探测器,提高保护面积要求和报警时间要求。

2)探测器的探测视角内不应存在遮挡物。

3)应避免光源直接照射在探测器的探测窗口。

4)单波段的火焰探测器不应设置在平时有阳光、白炽灯等光源直接或间接照射的场所。

6.2.3.6 线型光束感烟火灾探测器的设置

线型光束感烟火灾探测器的设置应符合下列规定:

1)探测器的光束轴线至顶棚的垂直距离宜为0.3~1.0 m,距地高度不宜超过20 m。

一般情况下,当顶棚高度不大于5 m时,探测器的红外光束轴线至顶棚的垂直距离为0.3 m;当顶棚高度为10~20 m时,光束轴线至顶棚的垂直距离可为1.0 m。

2)相邻两组探测器的水平距离 d 不应大于14 m,探测器至侧墙水平距离不应大于7 m,且不应小于0.5 m,超过规定距离,探测烟的效果很差。探测器的发射器和接收器之间的距离 L 不宜超过100 m,这是为了保证探测器的灵敏度,也是为了防止建筑位移使探测器产生误报,见图6.6。

3)探测器位置的变化将直接影响探测器的正常运行及探测,因此探测器应安装在固定的结构上,同时应考虑钢结构等建筑结构位移对探测器运行的影响。

4)由于探测器的工作机理决定了日光和人工光源对接收端的直接

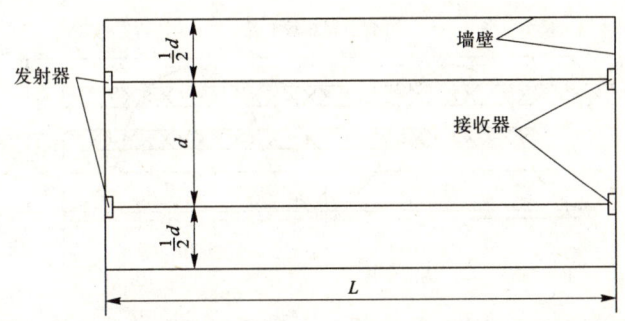

图 6.6 线型光束感烟火灾探测器在相对两面墙壁上安装平面示意图

照射会影响探测器的正常运行甚至导致探测器误报警,故探测器的设置应保证其接收端避开日光和人工光源直接照射。

5)工程实践表明,如果反射式探测器的灵敏度或报警设定值设置不合理,在探测器接收端快速出现高浓度的烟雾粒子的扩散,可能导致探测器不报火警,而是直接作出遮挡故障的判断,从而造成探测器的漏报。因此,在实际工程中在发射端和接收端均应进行模拟试验,对探测器的响应进行验证。选择反射式探测器时,应保证在反射板与探测器间任何部位进行模拟试验时,探测器均能正确响应。

以上规定是根据我国工程实践经验制订的。

6.2.3.7 线型感温火灾探测器的设置

线型感温火灾探测器的设置应符合下列规定:

1)探测器在保护电缆、堆垛等类似保护对象时,应采用接触式布置;在各种皮带输送装置上设置时,宜设置在装置的过热点附近。

电缆、堆垛等保护对象火灾的发生通常经历温度升高→蓄热(受热)产生可燃气体→产生烟气→产生明火的过程,这些场所火灾早期探测的关键在于温度升高阶段。线性感温火灾探测器在电缆桥架或支架上设置时,应采用接触式敷设方式,即敷设于被保护电缆(表层电缆)外护套上面,如图 6.7 所示。

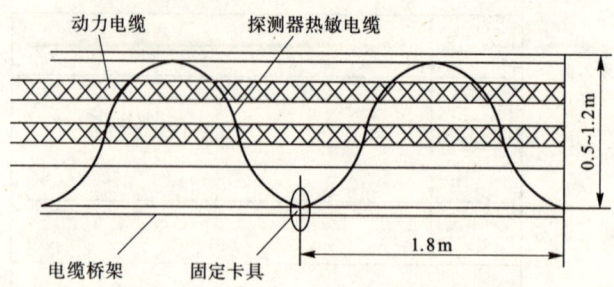

图 6.7 缆式线型感温火灾探测器在电缆桥架或支架上接触式布置示意图
注：固定卡具宜选用阻燃塑料卡具。

在各种皮带输送装置上设置时，在不影响平时运行和维护的情况下，应根据现场情况而定，宜将探测器设置在装置的过热点附近，如图 6.8 所示。

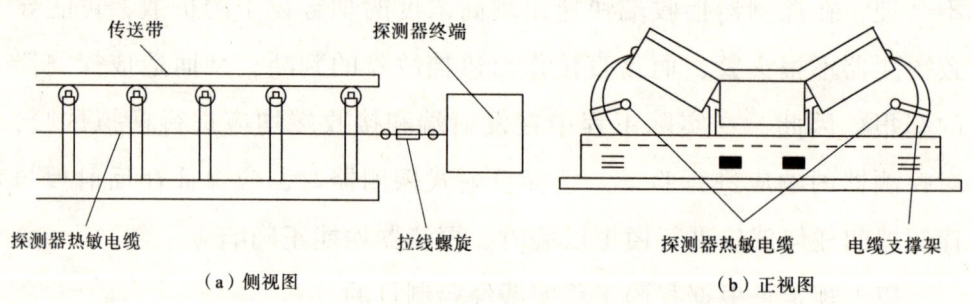

图 6.8 缆式线型感温火灾探测器在皮带输送装置上设置示意图

2) 设置在顶棚下方的线型感温火灾探测器，至顶棚的距离宜为 0.1 m。探测器的保护半径应符合点型感温火灾探测器的保护半径要求；探测器至墙壁的距离宜为 1～1.5 m。

线型感温火灾探测器在顶棚下方的设置是参考日本规范制订的，如图 6.9 所示。

3) 由于光栅光纤感温火灾探测器的每个光栅相当于一个点型感温火灾探测器，故每个光栅的保护面积和保护半径，应符合点型感温火灾探测器的保护面积和保护半径要求。

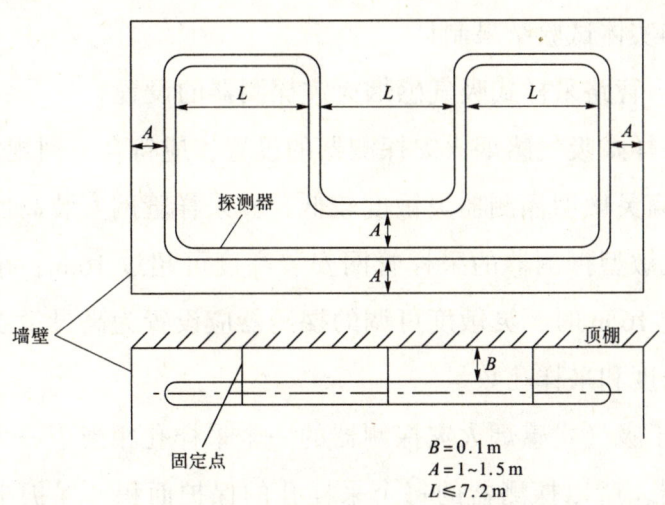

图 6.9 线型感温火灾探测器在顶棚下方设置示意图

4）设置线型感温火灾探测器的场所有联动要求时，宜采用两只不同火灾探测器的报警信号组合。

一般情况下，当设置线型感温火灾探测器的场所有联动要求时，即该场所要求实现自动报警、自动灭火时，应采用同类型或者不同类型探测器的组合，所以建议采用双回路组合探测。在电缆隧道内，在电缆隧道顶部设置的线型感温火灾探测器的报警信号和该区域内电气火灾监控探测器报警信号的组合，可作为自动灭火设施启动的联动触发信号；在电缆层上表面设置的线型感温火灾探测器的报警信号，大多是由于探测器监测到其保护的动力电缆因发生电气故障造成温度异常所发出的报警信号，这种报警信号应作为一种预警信号，警示管理人员快速查找电气故障原因，不宜作为联动触发信号。

5）长期潮湿的环境对模块内的电子元器件的影响较大，会降低模块的性能，导致报警不准确；温度变化较大时可能造成误报。因此，其连接模块不宜设置在此类场所。

新《火规》6.2.16 条的规定主要参考国外相关规范，并依据我国工程实践和实体试验结果制订。

6.2.3.8 管路采样式吸气感烟火灾探测器的设置

管路采样式吸气感烟火灾探测器的设置，应符合下列规定：

1) 非高灵敏型探测器灵敏度较低，其采样管网安装高度不应超过16 m；高灵敏型探测器的采样管网安装高度可超过16 m；采样管网安装高度超过16 m时，灵敏度可调的探测器应设置为高灵敏度，且应减小采样管长度和采样孔数量。

2) 由于吸气式感烟火灾探测器的一个采样孔相当于一个点型感烟火灾探测器，所以探测器的每个采样孔的保护面积、保护半径，应符合点型感烟火灾探测器的保护面积、保护半径的要求。

3) 一个探测单元的采样管总长不宜超过200 m，单管长度不宜超过100 m。

为了便于查找火源，同一根采样管不应穿越防火分区；另外，采样管的材质没有燃烧性能要求，如果穿越防火分区会导致火灾通过采样管扩散。

采样孔的灵敏度基本可以按探测器标称的最小灵敏度乘以实际采样孔数量计算。例如，一台探测器标称的最小灵敏度为0.005% obs/m，采样管网上开了100个采样孔，单一采样孔的灵敏度就近似为0.5% obs/m。另外一台的探测器标称的最小灵敏度为0.02% obs/m，采样管网上开了20个采样孔，单一采样孔的灵敏度就近似为0.4% obs/m。

从上面的数据可以看出，采样孔越多，相对于每个采样孔的灵敏度就会越低。所以，为了保证系统的可靠性和灵敏度，采样管及采样孔特性应与产品检验报告上描述的一致，过多开孔或增加采样管长度将导致每个采样孔的实际灵敏度低于一个常规点型感烟火灾探测器的灵敏度。所以,新《火规》规定采样孔总数不宜超过100,单管上的采样孔数量不宜超过25。

4)当采样管道采用毛细管布置方式时,毛细管长度不能过长,新《火规》规定毛细管长度不宜超过4 m,否则将影响毛细采样孔的进气量,从而影响系统的探测性能。

5)为便于维护和管理,吸气管路和采样孔应有明显的火灾探测器标识。

6)有过梁、空间支架的建筑中,采样管路应固定在过梁、空间支架上,这是为了保证采样管的有效固定。

7)由于屋顶热屏障等因素的影响,从屋顶往下的空间形成梯度变化的温度场,温度的变化与空间高度密切相关,而烟雾粒子的上升高度又与上升高度的温度变化密切相关。因此根据相关试验结果并参考国外规范规定:当采样管道布置形式为垂直采样时,每2℃温差间隔或3 m间隔(取最小者)应设置一个采样孔,采样孔不应背对气流方向。

8)采样管网应按经过确认的设计软件或方法进行设计。

通常情况下,采样孔孔径为2~5 mm,各企业的产品特性不同,可以参照产品使用说明书和检验报告设计。必要时,可以采用厂商提供的模拟计算软件来计算出采样孔的孔径大小。

9)通常探测器均安装在现场,因此要求探测器的火灾报警信号、故障信号等信息传送给火灾报警控制器。探测报警型的管路采样式吸气式感烟火灾探测器设置在没有火灾报警控制器的场所时,如果有联动需求,可以直接把火灾报警信号传送给消防联动控制器。但在设置了火灾报警控制器的场所,应把火灾报警信号传送给火灾报警控制器。

新《火规》6.2.17条主要参考澳大利亚及英国等国规范和我国自

已进行的有关试验结果制定。

6.2.3.9 感烟火灾探测器在格栅吊顶场所的设置

根据实际试验结果，感烟火灾探测器在格栅吊顶场所的设置，应符合下列规定：

1) 镂空面积与总面积的比例不大于15%时，探测器应设置在吊顶下方。

2) 镂空面积与总面积的比例大于30%时，探测器应设置在吊顶上方。

3) 镂空面积与总面积的比例为15%～30%时，探测器的设置部位应根据实际试验结果确定。

4) 探测器设置在吊顶上方且火警确认灯无法观察时，应在吊顶下方设置火警确认灯。

5) 地铁站台等有活塞风影响的场所，镂空面积与总面积的比例为30%～70%时，探测器宜同时设置在吊顶上方和下方。

6.2.3.10 其他要求

1) 在宽度小于3m的内走道顶棚上设置点型探测器时，宜居中布置。感温火灾探测器的安装间距不应超过10m；感烟火灾探测器的安装间距不应超过15m；探测器至端墙的距离，不应大于探测器安装间距的1/2。新《火规》6.2.4条规定参考德国标准制定。

2) 为了保证探测器可靠探测，点型探测器至墙壁、梁边的水平距离不应小于0.5m。新《火规》6.2.5条规定参考德国标准和英国规范制定。

3) 为了保证探测器可靠探测，点型探测器周围0.5m内不应有遮挡物。

4) 房间被书架、设备或隔断等分隔，其顶部至顶棚或梁的距离小于房间净高的5%时，这些场所的烟雾扩散特征与独立房间内烟雾扩散特征基本相同，故每个被隔开的部分应至少安装一只点型火灾探测器。

5) 在设有空调的房间内，探测器不应安装在靠近空调送风口处。这是因为气流影响燃烧粒子扩散，使探测器不能有效探测。此外，通过电离室的气流在某种程度上改变了电离电流，可能导致离子感烟火灾探测器误报。故点型探测器至空调送风口边的水平距离不应小于1.5 m，并宜接近回风口安装。探测器至多孔送风顶棚孔口的水平距离不应小于0.5 m。

6) 在房屋为人字型屋顶的情况下，如果屋顶坡度大于15°，在屋脊（房屋最高部位）的垂直面安装一排探测器有利于烟的探测，因为房屋各处的烟易集中在屋脊处。在锯齿型屋顶的情况下，按探测器下表面至屋顶或顶棚的距离 d 在每个锯齿型屋顶上安装一排探测器。这是因为，在坡度大于15°的锯齿型屋顶情况下，屋顶有几米高，烟不容易从一个屋顶扩散到另一个屋顶，所以对于这种锯齿型厂房，须按分隔间处理。

7) 在电梯井、升降机井设置点型探测器时，其位置宜在井道上方的机房顶棚上，有利于探测器探测井道中发生的火灾，且便于平时检修工作的进行。

8) 由于一氧化碳密度与空气密度相当，在空气中自由扩散，故设计中，一氧化碳火灾探测器可设置在气体可以扩散到的任何部位。

9) 新《火规》未涉及的其他火灾探测器的设置应按企业提供的设计手册或使用说明书进行设置，必要时可通过模拟保护对象火灾场景等方式对探测器的设置情况进行验证。

6.3 手动火灾报警按钮的设置

6.3.1 基本概念

手动火灾报警按钮是用手动方式产生火灾报警信号、启动火灾自动报警系统的器件,也是火灾自动报警系统中不可缺少的组成部分之一。

6.3.2 设计要求

1)每个防火分区应至少设置一只手动火灾报警按钮。从一个防火分区内的任何位置到最邻近的手动火灾报警按钮的步行距离不应大于30 m。手动火灾报警按钮宜设置在疏散通道或出入口处。

新《火规》6.3.1条规定主要参考英国规范制定,英国规范规定:"手动报警按钮的位置,应使场所内任何人去报警均不需走30 m以上距离。"手动火灾报警按钮设置在出入口处有利于人们在发现火灾时及时按下。

2)列车上设置的手动火灾报警按钮,应设置在每节车厢的出入口和中间部位。

在列车车厢中部设置,是考虑到列车上人员可能较多,在中间部位的人员发现火灾后,可以直接按下手动火灾报警按钮。

3)手动火灾报警按钮应设置在明显和便于操作的部位。当采用壁挂方式安装时,其底边距地高度宜为1.3~1.5 m,且应有明显的标志,以便于识别。

6.4 区域显示器的设置

6.4.1 基本概念

目前,区域显示器一般为用单片机设计开发的汉字式火灾显示盘,用来显示火灾探测器部位编号及其汉字信息并同时发出声光报警信号,显示内容清晰直观,便于人员确认。它通过总线与火灾报警控制器相连,处理并显示控制器传送过来的数据。

由于目前区域显示器、楼层显示器均为火灾显示盘,产品都属于一类，但是叫法不统一，从目前市场及工程实际的习惯，叫区域显示器，但是产品的国家标准为火灾显示盘，因此在新《火规》内将该名称改为区域显示器（火灾显示盘），以便于规范的执行。

区域显示器基本功能：火灾报警显示功能、故障显示功能、监管报警显示功能、自检功能、信息显示与查询功能、电源功能。

区域显示器整机性能：

1) 可采用主电源 220 V、50 Hz 的交流电源供电，也可直接采用火灾报警控制器或消防设备输出的直流电源供电，电源线输入端应设接线端子。

2) 采用主电源为 220 V、50 Hz 的交流电源供电时，应设有备用电源。

3) 直接采用火灾报警控制器或消防设备电源输出的直流电源供电时，直流电压应符合 GB 156 的规定，优先采用直流 24 V。

4) 不应为其他部件供电。

5) 不应对其他部件有控制功能。

6) 按键和指示灯应具有中文功能标注。

7) 在使用文字显示信息时，应采用中文显示。

6.4.2 设置场所

每个报警区域宜设置一台区域显示器（火灾显示盘）；宾馆、饭店等场所应在每个报警区域设置一台区域显示器。当一个报警区域包括多个楼层时，宜在每个楼层设置一台仅显示本楼层的区域显示器。

火灾显示盘可以直观地显示报警区域火灾报警的部位，有利于人员确认火灾发生部位，以进行有效的疏散，同时也利于消防灭火救援人员对于火灾的扑救，因此在条件允许时应在每个报警区域设置一台区域显示器。

6.4.3 设计要求

区域显示器应设置在出入口等明显和便于操作的部位。当采用壁挂方式安装时,其底边距地面高度宜为 1.3~1.5 m。

6.5 火灾警报器的设置

6.5.1 基本概念

火灾警报器:在火灾自动报警系统中,用以发出区别于环境声、光的火灾警报信号的装置。它以声、光等方式向报警区域发出火灾警报信号,以警示人们迅速采取安全疏散及灭火救灾措施。

火灾警报器按用途分为:火灾声警报器、火灾光警报器、火灾声光警报器;按使用场所分为室内型和室外型。

6.5.2 设计要求

1) 在建筑中设置火灾光警报器,应设置在每个楼层的楼梯口、消防电梯前室、建筑内部拐角等处的明显部位;考虑光警报器不能影响疏散设施的有效性,故不宜与安全出口指示标志灯具设置在同一面墙上。

2) 考虑便于在各个报警区域内都能听到警报信号声,以满足告知所有人员发生火灾的要求,每个报警区域内应均匀设置火灾警报器。声压等级要求:声压级不应小于 60 dB;在环境噪声大于 60 dB 的场所,其声压级应高于背景噪声 15 dB。

国家标准 GB 26851—2011《火灾声和/或光警报器》中,要求火灾声警报器的声信号在其正前方 3 m 水平的声压级(A 计权)应在 75~115 dB 范围内。因产品工作原理的不同,火灾声警报器声压级随着距离变化的衰减指标是不同的,设计人员应根据产品生产厂家提供的声压级不应小于 60 dB 安装距离指标,确定火灾声警报器的安装间距。

3) 火灾警报器设置在墙上时，其底边距地面高度应大于 2.2 m。

6.6 消防应急广播的设置

6.6.1 基本概念

6.6.1.1 定 义

消防应急广播设备是指完整的消防应急广播系统，通常包括：控制和指示装置、声频功率放大器、传声器、扬声器、广播分配装置、电源装置等部分。

消防应急广播设备是在火灾或意外事故发生时通过控制功率放大器和扬声器进行应急广播的设备，它的主要功能是向现场人员通报火灾发生，指挥并引导现场人员疏散。

6.6.1.2 基本功能

1) 为了便于使用者使用和操作，在我国境内使用的消防应急广播设备的指示灯（器）、操作按键、调节旋钮等的功能标注和显示的信息均应采用中文。

2) 消防应急广播设备应设置工作状态、应急广播状态和故障状态指示灯（器），在不同状态下，相应指示灯应点亮。

3) 消防应急广播设备应能同时向一个或多个指定区域广播信息。

4) 消防应急广播设备应具有广播监听功能。

5) 有的消防应急广播设备具有非应急广播功能，如在一些宾馆、酒店等公共场所合用的广播设备。当有应急广播启动信号时，消防应急广播设备应能自动停止非应急广播直接进入应急广播状态。

6) 当消防应急广播设备进行应急广播时，应通过显示器或指示灯（器）等方式显示当前处于应急广播状态的广播分区。

7) 消防应急广播设备应能分别通过手动和自动控制实现下述功

能，且手动操作优先：① 启动或停止应急广播；② 选择广播分区。

8）消防应急广播设备进入应急广播状态后，应在 3 s 内发出广播信息，且声频功率放大器的输出功率应不能被改变。

9）消防应急广播设备中任一扬声器故障不应影响其他扬声器的应急广播功能。

10）消防应急广播设备应能够根据建筑物的结构及用途等实际使用情况，在投入使用前设置适宜的应急广播信息。为确保信息源稳定、可靠，要求这些应急广播信息储存在适宜的存储器中，不能储存在光盘、磁带等临时性存储设备中。

11）消防应急广播设备应能通过传声器进行应急广播并应自动对广播内容进行录音，录音时间不应少于 30 min。当使用传声器进行应急广播时，应自动中断其他信息广播、故障声信号和广播监听；停止使用传声器进行应急广播后，消防应急广播设备应在 3 s 内自动恢复到传声器广播前的状态。

12）为保证消防应急广播信息清晰，声频功率放大器应满足下述要求：① 失真限制的有效频率范围为 125 Hz ~ 6.3 kHz；② 总谐波失真不大于 5%；③ 信噪比不小于 70 dB。

13）故障报警功能。

14）自检功能。

15）消防应急广播设备主电源应采用 220 V、50 Hz 交流电源，电源线输入端应设接线端子；应具有备用电源或备用电源接口；应能够实现主、备电源自动转换，并有主、备电源工作状态指示，主、备电源转换不应影响设备的功能。

6.6.2 设计要求

1）民用建筑内扬声器应设置在走道和大厅等公共场所。每个扬声器的额定功率不应小于 3 W，其数量应能保证从一个防火分区内的任何部位到最近一个扬声器的直线距离不大于 25 m，走道末端距最近的扬声器距离不应大于 12.5 m。

2）在环境噪声大的场所，如工业建筑内，设置消防应急广播扬声器时，考虑到背景噪声大、环境情况复杂等因素，提出了声压级要求：在环境噪声大于 60 dB 的场所设置的扬声器，在其有效播放范围内最远点的播放声压级应高于背景噪声 15 dB。

3）客房内如设消防应急广播专用扬声器，一般都装于床头柜后面墙上，距离客人很近，容量无需过大，故新《火规》规定不宜小于 1 W。这一规定亦适用于与床头控制柜内客房音响广播合用扬声器时对其要求的最小功率规定。

4）壁挂扬声器的底边距地面高度应大于 2.2 m。

5）功率放大器宜按防火分区或楼层分布设置。

6.7 消防专用电话的设置

6.7.1 基本概念

消防电话：用于消防控制室与建筑物中各部位之间通话的电话系统。由消防电话总机、消防电话分机、消防电话插孔构成。消防电话是与普通电话分开的专用独立系统，一般采用集中式对讲电话。

消防电话总机：在多线制消防电话系统中，每一部固定式消防电话分机占用消防电话主机的一路；总线制消防电话总机是一种新型的火警通信设备，通过两总线、24 V 电源线与电话模块、电话插孔、电话分机一起构成火灾报警通信系统。

消防电话分机：固定式消防电话分机有被叫振铃和摘机通话的功能，与消防电话主机配合使用；手提式消防电话分机插入插孔即可呼叫主机，用于携带。

6.7.2 设置场所

  消防电话的总机设在消防控制室，是消防电话的重要组成部分；消防电话分机设置在建筑物中各关键部位，能够与消防电话总机进行全双工语音通信；消防电话插孔安装在建筑物各处，插上电话手柄就可以和消防电话总机通信。

6.7.3 设计要求

  1）消防专用电话线路的可靠性关系到火灾时消防通信指挥系统是否畅通，故新《火规》强调消防专用电话系统应为独立的消防通信系统，就是说不能利用一般电话线路或综合布线网络（PDS系统）代替消防专用电话线路，消防专用电话网络应独立布线。

  2）消防控制室应设置消防专用电话总机。

  3）为了确保消防专用电话的可靠性，消防专用电话总机与电话分机或插孔之间的呼叫方式应该是直通的，中间不应有交换或转接程序，即宜选用共电式直通电话机或对讲电话机。

  4）火灾时，与消防作业的主要场所的通信一定要畅通无阻，以确保消防作业的正常进行，故规定电话分机或电话插孔的设置，应符合下列规定：

  ① 消防水泵房、发电机房、配变电室、计算机网络机房、主要通风和空调机房、防排烟机房、灭火控制系统操作装置处或控制室、企业消防站、消防值班室、总调度室、消防电梯机房及其他与消防联动控制有关且经常有人值班的机房应设置消防专用电话分机。消防专用电话分机，应固定安装在明显且便于使用的部位，并应有区别于普通电话的标识。

  ② 设有手动火灾报警按钮或消火栓按钮等处，宜设置电话插孔，

并宜选择带有电话插孔的手动火灾报警按钮。

③ 各避难层应每隔20 m设置一个消防专用电话分机或电话插孔。

④ 电话插孔在墙上安装时,其底边距地面高度宜为1.3~1.5 m。

5) 消防控制室、消防值班室或企业消防站等处是消防作业的主要场所,故新《火规》强调应设置可直接报警的外线电话。

6.8 模块的设置

6.8.1 基本概念

6.8.1.1 定　义

消防联动模块:用于消防联动控制器和其所连接的受控设备或部件之间信号传输的设备,包括输入模块、输出模块和输入/输出模块。输入模块的功能是接收受控设备或部件的信号反馈并将信号输入消防联动控制器中进行显示;输出模块的功能是接收消防联动控制器的输出信号并发送到受控设备或部件;输入/输出模块则同时具备输入模块和输出模块的功能。

6.8.1.2 基本功能

1. 输入模块(亦称监视模块)

输入模块的作用是接收现场装置的报警信号,实现信号向消防联动控制器的传输。适用于无地址编码的消火栓按钮、水流指示器、压力开关、70 ℃或280 ℃防火阀等。输入模块可采用电子编码器完成地址编码设置。

2. 输出模块(亦称控制模块)

输出模块具有直流24 V电压输出,用于与继电器触点接成有源输出,满足现场的不同需求,实现现场各种设备(如排烟口、送风口、防火阀等)的一次动作。

3. 输入/输出模块

此模块有单输入/输出模块，双输入/双输出模块等几类。单输入/输出模块用于将现场各种一次动作并有动作信号输出的被动型设备（如排烟口、送风口、防火阀等）接入控制总线上。双输入/双输出模块可用于完成对二步降防火卷帘门、水泵、排烟风机等双动作设备的控制。

单输入/输出模块内有一对常开、常闭触点，具有直流24 V电压输出，用于与继电器触点接成有源输出，满足现场的不同需求。另外模块还设有开关信号输入端，用来和现场设备的开关触点连接，以便对现场设备是否动作进行确认。应当注意的是，不应将模块触点直接接入交流控制回路，以防强交流干扰信号损坏模块或控制设备。

双输入/双输出模块具有两对常开、常闭触点，可接收来自控制器的二次不同动作的命令，具有控制二次不同输出和确认两个不同回答信号的功能。此模块所需输入信号为常开开关信号，一旦开关信号动作，模块将此开关信号通过联动总线送入控制器，联动控制器产生报警并显示动作的地址号，当模块本身出现故障时，控制器也将产生报警并将模块编号显示出来。

6.8.2 设置场所

每个报警区域内的模块宜相对集中设置在本报警区域内的金属模块箱中，以保障其运行的可靠性和检修的方便。

由于模块工作电压通常为24 V，不应与其他电压等级的设备混装，因此严禁将模块设置在配电（控制）柜（箱）内。

6.8.3 设计要求

本报警区域内的模块不应控制其他报警区域的设备，以免本报警区域发生火灾后影响其他区域受控设备的动作。

为了检修时方便查找，未集中设置的模块附近应有尺寸不小于 10 cm×10 cm 的标识。

6.9 消防控制室图形显示装置的设置

6.9.1 基本概念

6.9.1.1 定 义

消防控制室图形显示装置：用于接收并显示保护区域内的火灾探测报警及联动控制系统、消火栓系统、自动灭火系统、防烟排烟系统、防火门及卷帘系统、电梯、消防电源、消防应急照明和疏散指示系统、消防通信等各类消防系统及系统中的各类消防设备（设施）运行的动态信息和消防管理信息，同时还具有信息传输和记录功能。

6.9.1.2 基本功能

消防控制室图形显示装置应具有以下功能：

1) 应能显示建（构）筑物竣工后的总平面布局图、应急疏散预案、消防安全组织结构图、消防设施一览表、设备运行状况、接报警记录等有关管理信息，及消防安全管理信息。

2) 应能用同一界面显示建（构）筑物周边消防车道、消防登高车操作场地、消防水源位置，以及相邻建筑的防火间距、建筑面积、建筑高度、使用性质等情况。

3) 应能显示消防系统及设备的名称、位置，火灾探测报警系统、消防联动控制、消防电话总机、消防应急广播系统、消防应急照明和疏散指示系统控制装置、消防电源监控器的动态信息。

4) 当有火灾报警信号、监管报警信号、反馈信号、屏蔽信号、故障信号输入时，应有相应状态的专用总指示，在总平面布局图中应显示输入信号的建（构）筑物的位置，在建筑平面图上应显示输入信号所在的位置和名称，并记录时间、信号类别和部位等信息。

5）应在10 s内显示输入的火灾报警信号和反馈信号的状态信息，100 s内显示其他输入信号的状态信息。

6）应采用有中文标注的界面或中文界面，界面对角线长度不应小于430 mm。

7）应能显示可燃气体探测报警系统、电气火灾监控系统的报警信息、故障信息和相关联动反馈信息。

6.9.2 设置场所

消防控制室图形显示装置可逐层显示区域平面图、设备分布情况，可以对消防信息进行实时反馈、及时处理、长期保存信息，消防控制室内要求24 h有人值班，故应将消防控制室图形显示装置设置在消防控制室内，以便更迅速地了解火情，指挥现场处理火情。

6.9.3 设计要求

消防控制室图形显示装置与火灾报警控制器、消防联动控制器、电气火灾监控器、可燃气体报警控制器等消防设备之间，应采用专用线路连接。

消防控制室图形显示装置在消防控制室内布置，应符合以下规定：

1）设备面盘前的操作距离，单列布置时不应小于1.5 m；双列布置时不应小于2 m。

2）在值班人员经常工作的一面，设备面盘至墙的距离不应小于3 m。

3）设备面盘后的维修距离不宜小于1 m。

4）设备面盘的排列长度大于4 m时，其两端应设置宽度不小于1 m的通道。

5）与建筑其他弱电系统合用的消防控制室内，消防设备应集中设置，并应与其他设备间有明显间隔。

消防控制室图形显示装置采用壁挂式安装时，其主显示屏高度宜为 1.5~1.8 m，其靠近门轴的侧面距墙不应小于 0.5 m，正面操作距离不应小于 1.2 m。

6.10 火灾报警传输设备或用户信息传输装置的设置

6.10.1 基本概念

6.10.1.1 传输设备

1. 定 义

传输设备：用于将火灾报警控制器（以下简称控制器）的火警、故障、监管报警、屏蔽等信息传送至报警接收站的设备，是消防联动控制系统的组成部分。

2. 基本功能

1) 火灾报警信息的接收与传输功能：

① 传输设备应能接收来自火灾报警控制器的火灾报警信息并发出火灾报警光信号。

② 传输设备应在 10 s 内将来自火灾报警控制器的火灾报警信息传送给"建筑消防设施远程监控中心"（以下简称监控中心）。

③ 传输设备在处理和传输火灾报警信息时，火灾报警状态指示灯应闪亮，在得到监控中心的正确接收确认后，该指示灯应常亮并保持直至该状态被确认或接收并处理新的火灾报警信息。当信息传送失败时应发出声、光信号。

④ 传输设备在传输监管、故障、屏蔽或自检信息期间，如火灾报警控制器发出火灾报警信息，传输设备应能优先接收并传输火灾报警信息。

⑤对传输设备进行的操作（手动报警操作除外）不应影响传输设备接收和传输来自火灾报警控制器的火灾报警信息。

2) 监管报警信息的接收与传输功能：

①传输设备应接收来自火灾报警控制器的监管报警信息，并发出指示监管报警的光信号。

②传输设备应在 10 s 内将来自火灾报警控制器的监管报警信息传送给监控中心。

③传输设备在处理和传输监管报警信息时，监管报警状态指示灯应闪亮，在得到监控中心的正确接收确认后，该指示灯应常亮并保持直至该状态被确认或接收并处理新的监管报警信息。当信息传送失败时应发出声、光信号。

3) 故障报警信息的接收与传输功能：

①传输设备应能接收来自火灾报警控制器的故障报警信息，并发出指示故障报警状态的光信号。

②传输设备应在 10 s 内将来自火灾报警控制器的故障报警信息传送给监控中心。

③传输设备在处理和传输故障报警信息时，故障报警状态指示灯应闪亮，在得到监控中心的正确接收确认后，该指示灯应常亮并保持直至该状态被确认或接收并处理新的故障报警信息。当信息传送失败时应发出声、光信号。

4) 屏蔽信息的接收与传输功能：

①传输设备应能接收来自火灾报警控制器的屏蔽信息，并发出指示屏蔽状态的光信号。

②传输设备应在 10 s 内将来自火灾报警控制器的屏蔽信息传送给监控中心。

③ 传输设备在处理和传输屏蔽信息时，屏蔽状态指示灯应闪亮，在得到监控中心的正确接收确认后，该指示灯应常亮并保持直至该状态被确认或接收并处理新的屏蔽信息。当信息传送失败时应发出声、光信号。

5) 手动报警功能：

① 传输设备应设手动报警按键（钮），当手动报警按键（钮）动作时，应发出指示手动报警状态的光信号。

② 传输设备应在 10 s 内将手动报警信息传送给监控中心。

③ 传输设备在手动报警操作并传输信息时，手动报警指示灯应闪亮，在得到监控中心的正确接收确认后，该指示灯应常亮并保持 60 s。当信息传送失败时应发出声、光信号。

④ 传输设备在传输火灾报警、监管、故障、屏蔽或自检信息期间，应能优先进行手动报警操作和手动报警信息传输。

6) 本机故障报警功能：

① 传输设备应设本机故障指示灯，只要传输设备存在本机故障信号，该故障指示灯（器）均应点亮。

② 当发生下列故障时，传输设备应在 100 s 内发出与火灾报警和手动报警有明显区别的本机故障声、光信号，并指示出类型。本机故障声信号应能手动消除，再有故障发生时，应能再启动；本机故障光信号应保持至故障排除。

　　a. 传输设备与监控中心间的通信线路（或信道）不能进行正常通信；

　　b. 给备用电源充电的充电器与备用电源间的连接线断路、短路；

　　c. 备用电源与其负载间的连接线断路、短路。

③ 采用字母（符）- 数字显示器时，当显示区域不足以显示全部故障信息时，应有手动查询功能。

④ 传输设备的本机故障信号在故障排除后，可以自动或手动复位。手动复位后，传输设备应在 100 s 内重新显示存在的故障。

7) 自检功能：传输设备应具有手动检查本机面板所有指示灯、显示器和音响器件的功能。

8) 电源性能：

① 传输设备应有主、备电源的工作状态指示，主电源应有过流保护措施。当交流电网供电电压变动幅度在额定电压（220 V）的 85% ~ 110% 范围内，频率偏差不超过标准频率（50 Hz）的 ±1% 时，传输设备应能正常工作。

② 传输设备应有主电源与备用电源之间的自动转换装置。当主电源断电时，能自动转换到备用电源；主电源恢复时，能自动转换到主电源。主、备电源的转换不应使传输设备产生误动作。备用电源的电池容量应能提供传输设备在正常监视状态下至少工作 8 h。

6.10.1.2 用户信息传输装置

1. 定 义

用户信息传输装置是指设置在联网用户端，通过报警传输网络与监控中心进行信息传输的装置。

用户信息传输装置是在 GB 50440—2007《城市消防远程监控系统技术规范》中出现的名词，是城市消防远程监控系统的核心设备。城市消防远程监控系统是对联网用户的火灾报警信息、建筑消防设施运行状态信息、消防安全管理信息进行接收、处理和管理，向城市消防通信指挥中心或其他接处警中心发送经确认的火灾报警信息，为公安消防部门提供查询，并为联网用户提供信息服务的系统。远程监控系统由用户信息传输装置、报警传输网络、报警受理系统、信息查询系统、用户服务系统及相关终端和接口构成。

2. 功　能

1）接收联网用户的火灾报警信息，并将信息通过报警传输网络发送给监控中心。

2）接收建筑消防设施运行状态信息，并将信息通过报警传输网络发送给监控中心。

3）优先传送火灾报警信息和手动报警信息。

4）具有设备自检和故障报警功能。

5）具有主、备用电源自动转换功能，备用电源的容量应能保证用户信息传输装置连续正常工作时间不小于 8 h。

6.10.2　设置场所

火灾报警传输设备或用户信息传输装置，应设置在消防控制室内；未设置消防控制室时，应设置在火灾报警控制器附近的明显部位。

6.10.3　设计要求

1）火灾报警传输设备或用户信息传输装置与火灾报警控制器、消防联动控制器等设备之间，应采用专用线路连接。

2）火灾报警传输设备或用户信息传输装置的设置，应保证有足够的操作和检修间距。

3）火灾报警传输设备或用户信息传输装置的手动报警装置，应设置在便于操作的明显部位。

6.11　防火门监控器的设置

6.11.1　基本概念

6.11.1.1　定　义

1. 防火门监控器

防火门监控器是用于显示并控制防火门打开、关闭状态的控制装置。

2. 常开防火门电磁释放器

常开防火门电磁释放器是保持常开防火门的打开状态，并能将其状态信息反馈至防火门监控器的电动装置（以下简称释放器）。

3. 常闭防火门门磁开关

常闭防火门门磁开关（以下简称门磁开关）是用于监视常闭防火门的开关状态，并能将其状态信息反馈至防火门监控器的装置。

4. 常闭防火门电动闭门器

常闭防火门电动闭门器是保持常闭防火门的关闭状态，并能将其状态信息反馈至防火门监控器的电动装置（以下简称闭门器）。

5. 防火门的故障状态

防火门的故障状态是指释放器处于非正常打开的状态或闭门器处于非正常关闭的状态。

6.11.1.2 防火门监控器基本功能

1. 一般要求

监控器主电源应采用 220 V、50 Hz 交流电源，电源线输入端应设接线端子；监控器应设有保护接地端子；监控器若能为其连接的释放器和门磁开关供电，工作电压应采用直流 24 V；监控器应具有中文功能标注和信息显示。

2. 监控器基本功能

1）监控器应能显示与其连接的闭门器和释放器的开、闭或故障状态，并应有专用状态指示灯。

2）监控器应能直接控制与其连接的每个释放器的工作状态，并设启动总指示灯，只要启动信号发出，该指示灯应点亮。

3）监控器应能接收来自火灾自动报警系统的火灾报警信号，并在 30 s 内向释放器发出启动信号，点亮启动总指示灯，执行释放动作，接收释放器反馈信号。

4）监控器在发出启动信号后 10 s 内未收到要求的反馈信号，应使启动光信号闪亮，并显示相应的释放器的部位，保持至监控器收到反馈信号。

5）防火门处于故障状态时，监控器应发出声光报警信号，声信号的声压级（正前方 1 m 处）应在 65～85 dB 之间，故障声信号每分钟至少提示一次，每次持续时间应在 1～3 s。

3. 释放器基本功能

1）释放器在正常工作状态下应能使常开防火门保持常开状态。

2）释放器接收监控器发出的启动信号后应能使常开防火门自动关闭，并能使双开防火门按照左右顺序自动关闭；关闭后将反馈信号发送至监控器。

3）释放器在额定工作电压不小于 90% 的条件下，吸合力不应小于 200 N。

4. 门磁开关基本功能

门磁开关应能将防火门开启、关闭的信息反馈至控制器，其性能应符合产品生产企业的要求。

5. 故障报警功能

1）监控器应设专用故障总指示灯，无论监控器处于何种状态，只要有故障信号存在，该故障总指示灯应点亮。

2）当监控器发生下述故障时，应在 100 s 内发出与火灾报警信号有明显区别的声、光故障信号。故障声信号应能手动消除，再有故障信号输入时，应能再启动；故障光信号应保持至故障排除。

① 监控器的主电源掉电；

② 监控器与释放器、门磁开关间的连接线断路、短路；

③ 备用电源与充电器之间的连接线断路、短路；

④ 备用电源故障。

6. 自检功能

监控器应能对音响部件及其状态指示灯、显示器进行功能检查。监控器执行自检时，应不造成与其相连的外部设备动作。

7. 电源功能

监控器应配有备用电源，并满足下述要求：

1）备用电源宜采用密封、免维护充电电池。

2）电池容量应保证控制器在下述情况下正常可靠工作 1 h：① 监控器处于通电工作状态；② 提供防火门开启以及关闭所需的电源。

3）有防止电池过充电、过放电的功能；在不超过生产厂规定的电池极限放电情况下，应能在 24 h 内对电池进行充电并使其恢复到正常状态。

监控器应有主、备电源转换功能；主、备电源的工作状态应有指示，主、备电源的转换应不使监控器发生误动作。

6.11.2 设置场所

防火门的启闭在人员疏散中起到至关重要的作用，因此防火门监控器应设置在消防控制室内，未设置消防控制室时，应设置在有人值班的场所。

6.11.3 设计要求

电动开门器的手动控制按钮应设置在防火门附近的内侧墙面上，距门不宜超过 0.5 m，方便疏散人员逃离火灾现场时使用；底边距地面高度宜为 0.9~1.3 m，便于疏散人员触摸。

7 住宅建筑火灾自动报警系统

7.1 一般规定

7.1.1 我国住宅火灾统计及特征

7.1.1.1 住宅火灾已经成为我国现阶段火灾死亡人数多的最大元凶

根据公安部消防局发布的《中国消防年鉴》，我国2008年共发生火灾13.7万起（不包括森林、草原、军队和矿井地下部分），死亡1 521人，伤743人。从城乡火灾分布情况来看，住宅和人员密集场所火灾死亡人数相对较多。其中，住宅共发生火灾5.3万起，死亡1 061人，受伤376人，直接财产损失2.6亿元。虽然火灾起数仅占总火灾起数的38.7%，但死亡人数却占总死亡人数的69.8%。

从这组数据看，与过去近十年的统计结果基本一致，总体上讲，住宅火灾起数占总火灾起数的40%左右，死亡人数占总死亡人数的近70%。住宅火灾已经成为火灾中夺取人们生命的最大杀手，应该引起有关部门和全社会的重视。

7.1.1.2 夜间火灾的死亡人数高出白天火灾死亡人数的3倍以上

我国2008年全年平均每百起火灾造成1.11人死亡。从火灾时段分布看，夜间20时至次日早上8时的时间段共发生火灾5.5万起，占火灾总起数的40.1%，但造成1 053人死亡，占总死亡人数的69.2%，百起火灾的人员死亡率高达1.9人，是白天火灾人员死亡率（0.57）的3.3倍。从2008年83起较大以上火灾分析，发生在20时至次日8时时间段的有64起，占77.1%，造成的死亡人数占较大火灾中死亡人数的86.2%。

7.1.2 住宅建筑防火特点

住宅建筑的消防安全和我们每个人都息息相关，而近些年我国房地产市场发展迅速，尤其是高层住宅、超高层建筑的建设呈快速增长态势。高层、超高层建筑具有层数多、垂直距离长、人员集中、疏散时间长、火势蔓延快、扑救难度大、火险隐患多的特点。而很多城市现有的消防车扑救高度不超过50m，有些城市虽然购买了登高消防车，但数量非常有限，且扑救高度还是有限，满足不了高层建筑消防救援的需要。

世界各国火灾报警系统的设置场所已由公共场所扩展到普通民用住宅，我国的民用住宅火灾发生率居高不下，有必要增加家用火灾报警系统的设计要求。

新《火规》正是充分考虑到住宅建筑防火的新发展、新变化，专门对住宅建筑火灾自动报警系统进行了规定。

7.1.3 设计要求

7.1.3.1 住宅建筑火灾自动报警系统分类

本着安全可靠、经济适用的原则，规范针对不同的建筑管理等情况，将住宅建筑火灾自动报警系统分为A类、B类、C类、D类四种类型：①A类系统可由火灾报警控制器、手动火灾报警按钮、家用火灾探测器、火灾声警报器、应急广播等设备组成；②B类系统可由控制中心监控设备、家用火灾报警控制器、家用火灾探测器、火灾声警报器等设备组成；③C类系统可由家用火灾报警控制器、家用火灾探测器、火灾声警报器等设备组成；④D类系统可由独立式火灾探测报警器、火灾声警报器等设备组成。

7.1.3.2 住宅建筑火灾自动报警系统的选择

应结合建筑管理和消防设施设置情况，选择合适的系统构成：①有物业集中监控管理且设有需联动控制的消防设施的住宅建筑应选用A类系统；②仅有物业集中监控管理的住宅建筑宜选用A类或B类系统；③没有物业集中监控管理的住宅建筑宜选用C类系统；④别墅式住宅和已投入使用的住宅建筑可选用D类系统。

7.2 系统设计

7.2.1 A类系统的设计

设计要求：①系统在公共部位的设计应符合新《火规》第3~6章的规定；②住户内设置的家用火灾探测器可接入家用火灾报警控制器，也可直接接入火灾报警控制器；③设置的家用火灾报警控制器应将火灾报警信息、故障信息等相关信息传输给相连接的火灾报警控制器；④建筑公共部位设置的火灾探测器应直接接入火灾报警控制器，不能接入住宅内部的家用火灾报警系统。

7.2.2 B类和C类系统的设计

设计要求：①住户内设置的家用火灾探测器应接入家用火灾报警控制器；②家用火灾报警控制器应能启动设置在公共部位的火灾声警报器；③B类系统中，设置在每户住宅内的家用火灾报警控制器应连接到控制中心监控设备，控制中心监控设备应能显示发生火灾的住户。

在B类系统中，居民住宅应设置家用火灾探测器和家用火灾报警控制器，且住宅物业管理中心应设置控制中心监控设备，对居民住宅的报警信号进行集中管理；当控制中心监控设备接收到居民住宅的火灾报警信号后，应启动设置在公共区域的火灾声警报器，提醒住宅内的其他居民迅速撤离。

在C类系统中，住户内设置的家用火灾探测器应接入家用火灾报警控制器。当住宅内发出火灾报警信号后，应启动设置在住宅公共区域的火灾声警报器，提醒住宅内的其他居民迅速撤离。

7.2.3 D类系统的设计

设计要求：①有多个起居室的住户，宜采用互连型独立式火灾探测报警器（一个探测器报警，其余探测器同时报警）；②宜选择电池供电时间不少于3年的独立式火灾探测报警器。

7.2.4 采用无线方式组成系统的要求

对于采用无线通信方式的家用火灾安全系统，尤其是对于已投入使用的住宅，可根据实际情况采用有线、无线或两者相结合的方式组建A类、B类或C类系统，这种情况下，其设计应符合A类、B类或C类系统之一的设计要求。

7.3 火灾探测器的设置

家庭探测器的设置除了满足新《火规》第6.2节的要求外，针对家庭火灾探测器使用特点，还应满足以下要求。

7.3.1 感烟火灾探测器

一般卧室和起居室内的易燃物起火时均会产生大量的烟气，因此每间卧室、起居室内应至少设置一只感烟火灾探测器。

7.3.2 可燃气体探测器

在厨房设置相应气体的可燃气体探测器时，该类探测器的设置与用户选择的燃气有关系，因为不同的探测器适用于探测不同的气体；且传感器类型建议选择红外传感器或电化学传感器。

探测器的设置部位也和用户选择的燃气有关系，因为不同燃气的密度不一样，有些气体的密度比空气小，比如甲烷，一旦泄漏就会漂浮在住宅的顶部，而丙烷的密度比空气大，一旦泄漏就会下沉到厨房的下部，因此探测器应该根据用户选择的燃气设置在相应的部位。

因此，使用天然气的用户应选择甲烷探测器，使用液化气的用户应选择丙烷探测器，使用煤制气的用户应选择一氧化碳探测器；连接燃气灶具的软管及接头在橱柜内部时，探测器宜设置在橱柜内部；甲烷探测器应设置在厨房顶部，丙烷探测器应设置在厨房下部，一氧化碳探测器可设置在厨房下部，也可设置在其他部位；可燃气体探测器不宜设置在灶具正上方。

可燃气体探测器一旦报警，一般情况下应直接联动关断燃气供应的阀门，如果采用用户自己不能复位的阀门，一旦用气时不慎导致报警器报警而联动关断了供气阀门，势必得等专业人员过来复位，这样就给人们的生活带来了不便，因此，建议选择用户自己能复位、且安装在燃气表后面的电动阀。胶管脱落自动保护功能就是当燃气胶管突然脱落时会迅速切断燃气供应，防止燃气大面积泄漏。

因此，宜采用具有联动关断燃气关断阀功能的可燃气体探测器；探测器联动的燃气关断阀宜为用户可以自己复位的关断阀，并应具有燃气胶管脱落自动关断功能。

7.4 家用火灾报警控制器的设置

家用火灾报警控制器的设置除了满足新《火规》第 6.1 节的要求外，还应满足以下要求：①家用火灾报警控制器应独立设置在每户内，且应设置在明显和便于操作的部位。当采用壁挂方式安装时，其底边距地高度宜为 1.3~1.5 m；②具有可视对讲功能的家用火灾报警控制器宜设置在进户门附近，可以与可视对讲系统结合使用，也可以与防盗系统结合使用，设置在门口处方便布防和撤防。

7.5 火灾声警报器的设置

家用火灾声警报器的设置除了满足新《火规》第6.5节的要求外，还应满足以下要求：

住宅建筑在发生火灾时可能会影响到整个建筑内住户的安全，应该有及时的火灾警报或语音信号通知，以便有效引导有关人员及时疏散。为了使住户都能听到火灾警报和语音提示，要求在住宅建筑的公共部位设置具有语音提示功能的火灾声警报器，且应能接受联动控制或由手动火灾报警按钮的动作信号控制直接发出警报，为人员发现火灾后及时启动火灾声警报器提供了技术手段。

7.6 应急广播的设置

家庭应急广播的设置除了满足新《火规》第6.6节的要求外，还应满足以下要求：

住宅建筑内设置的应急广播应能接受联动控制或由手动火灾报警按钮的动作信号控制直接进行广播；每台扬声器覆盖的楼层不应超过3层；广播功率放大器应具有消防电话插孔，消防电话插入后应能直接讲话；为了防止发生火灾时，供电中断而导致广播不能工作，广播功率放大器应配有备用电池，电池持续工作时间不能达到1h时，应能向消防控制室或物业值班室发送报警信息。

为了保证消防人员到场后，能尽快且方便地使用广播指挥大家疏散，广播功率放大器应设置在首层内走道侧面墙上；同时，箱体面板应有防止非专业人员打开的措施。

8 可燃气体探测报警系统

新《火规》新增章节,对可燃气体探测报警系统的组成、可燃气体探测器的设置要求等设计原则进行了规定。

8.1 一般规定

8.1.1 可燃气体探测报警系统的组成及工作原理

可燃气体探测报警系统是火灾自动报警系统的独立子系统,属于火灾预警系统。可燃气体探测报警系统的组成如图8.1所示。

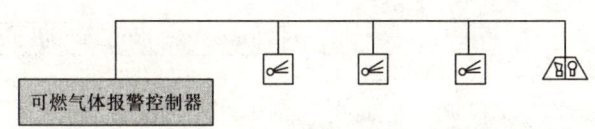

图 8.1 可燃气体探测报警系统组成示意图

8.1.1.1 可燃气体报警控制器

可燃气体报警控制器是用于为所连接的可燃气体探测器供电,接收来自可燃气体探测器的报警信号,发出声、光报警信号和控制信号,指示报警部位,记录并保存报警信息的装置。

8.1.1.2 可燃气体探测器

可燃气体探测器是能对泄漏可燃气体响应,自动产生报警信号并向可燃气体报警控制器传输报警信号及泄漏可燃气体浓度信息的器件。

8.1.1.3 系统工作原理

发生可燃气体泄漏时,安装在保护区域现场的可燃气体探测器将泄漏可燃气体的浓度参数转变为电信号,经数据处理后,将可燃气体浓度参数信息传输至可燃气体报警控制器;或直接由可燃气体探测器作出泄漏可燃气体浓度超限报警判断,将报警信息传输到可燃气体报警控制器。可燃气体报警控制器在接收到探测器的可燃气体浓度参数信息或报警信息后,经报警确认判断,显示泄漏报警探测器的部位并发出泄漏可燃气体浓度信息,记录探测器报警的时间,同时驱动安装在保护区域现场的声光警报装置,发出声光警报,警示人员采取相应的处置措施;必要时可以控制并关断燃气阀门,防止燃气进一步泄漏。可燃气体探测报警系统的工作原理如图 8.2 所示。

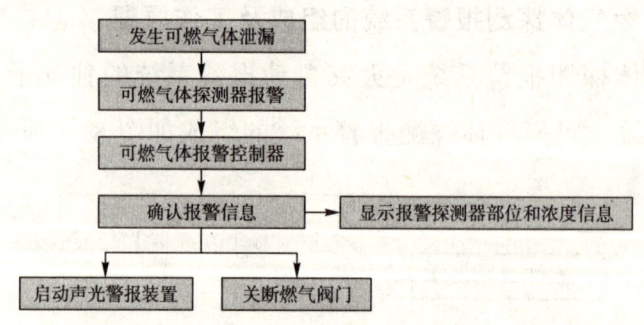

图 8.2 可燃气体探测报警系统原理图

8.1.2 系统分类及适用场所

根据产品探测气体类型的不同以及使用场所的不同,对可燃气体探测报警系统进行了具体的分类。

8.1.2.1 可燃气体探测器分类

现有可燃气体探测器主要有7种:测量范围为 0~100% LEL 的点型可燃气体探测器、测量范围为 0~100% LEL 的独立式可燃气体探测器、测量范围为 0~100% LEL 的便携式可燃气体探测器、测量人工煤气的点型可燃气体探测器、测量人工煤气的独立式可燃气体探测器、测量人工煤气的便携式可燃气体探测器、线型可燃气体探测器。

上述 7 种可燃气体探测器可按不同特征进行分类。

1）按防爆要求分类：① 防爆型可燃气体探测器；② 非防爆型可燃气体探测器。

2）按使用方式分类：① 固定式可燃气体探测器；② 便携式可燃气体探测器。

3）按探测可燃气体的分布特点分类：① 点型可燃气体探测器；② 线型可燃气体探测器。

4）按探测气体特征分类：① 探测爆炸气体的可燃气体探测器；② 探测有毒气体的可燃气体探测器。

8.1.2.2 可燃气体报警控制器分类

可燃气体报警控制器按系统连线方式分类为：

1）多线制可燃气体报警控制器：即采用多线制方式与可燃气体报警控制器连接。

2）总线制可燃气体报警控制器：即采用总线（一般为 2~4 根）方式与可燃气体探测器连接。

8.1.2.3 系统适用场所

可燃气体探测报警系统适用于使用、生产或聚集可燃气体或可燃液体蒸气的场所可燃气体浓度探测，在泄漏或聚集可燃气体浓度达到爆炸下限前发出报警信号，提醒专业人员排除火灾、爆炸隐患，实现火灾的早期预防，避免火灾、爆炸事故的发生。

8.2 可燃气体探测报警系统设计原则

可燃气体探测报警系统是一个独立的子系统，属于火灾预警系统，应独立组成。可燃气体探测器应接入可燃气体报警控制器，不应直接接入火灾报警控制器的探测器回路。当可燃气体的报警信号需接入火灾自动报警系统时，应由可燃气体报警控制器接入。

由可燃气体报警控制器将报警信号传输至消防控制室的图形显示装置或集中火灾报警控制器，但其显示应与火灾报警信息有区别；石化行业涉及过程控制的可燃气体探测器，可接入 DCS 等生产控制系统，但其报警信号应接入消防控制室。

要求可燃气体探测报警系统作为一个独立的由可燃气体报警控制器和可燃气体探测器组成的子系统，而不能将可燃气体探测器接入火灾探测报警系统总线中，主要有以下 4 方面的原因：

1) 目前应用的可燃气体探测器功耗都很大，一般为几十毫安，接入总线后对总线的稳定工作十分不利。

2) 可燃气体探测器的使用寿命一般只有 3～4 年，到期后对同总线的火灾探测器的正常工作也会产生不利影响。

3) 现在使用的可燃气体探测器每年都需要标定，标定期间对同总线的火灾探测器的正常工作会产生影响。

4) 可燃气体报警信号与火灾报警信号的时间与含义均不相同，需要采取的处理方式也不同。

该系统需要有自己的独立电源供电，电源可由系统独立供给，也可根据工程的实际情况就地获取，就地获取的电源，其供电可靠性应与该系统一致。

石化行业涉及过程控制的可燃气体探测器，可按现行国家标准 GB 50493—2009《石油化工可燃气体和有毒气体检测报警设计规范》的有关规定设置，但其报警信号应接入消防控制室。

GB 50493—2009《石油化工可燃气体和有毒气体检测报警设计规范》相关规定：

"3.0.1 在生产或使用可燃气体及有毒气体的工艺装置和储运设施的区域内，对可能发生可燃气体和有毒气体的泄漏进行检测时，应按下列规定设置可燃气体检（探）测器和有毒气体检（探）测器：

1 可燃气体或含有毒气体的可燃气体泄漏时，可燃气体浓度可能达到25％爆炸下限，但有毒气体不能达到最高容许浓度时，应设置可燃气体检（探）测器；

2 有毒气体或含有可燃气体的有毒气体泄漏时，有毒气体浓度可能达到最高容许浓度，但可燃气体浓度不能达到25％爆炸下限时，应设置有毒气体检（探）测器；

3 可燃气体与有毒气体同时存在的场所，可燃气体浓度可能达到25％爆炸下限，有毒气体的浓度也可能达到最高容许浓度时，应分别设置可燃气体和有毒气体检（探）测器；

4 同一种气体，既属可燃气体又属有毒气体时，应只设置有毒气体检（探）测器。

3.0.2 可燃气体和有毒气体的检测系统应采用两级报警。同一检测区域内的有毒气体、可燃气体检（探）测器同时报警时，应遵循下列原则：

1 同一级别的报警中，有毒气体的报警优先；

2 二级报警优先于一级报警。

3.0.3 工艺有特殊需要或在正常运行时人员不得进入的危险场所，宜对可燃气体和有毒气体释放源进行连续检测、指示、报警，并对报警进行记录或打印。

3.0.4 报警信号应发送至现场报警器和有人值守的控制室或现场操作室的指示报警设备，并且进行声光报警。"

常用可燃气体、蒸气特性见表8.1；常用有毒气体、蒸气特性见表8.2；常用气体探测器技术性能见表8.3。

表 8.1 常用可燃气体、蒸气特性表

序号	物质名称	引燃温度 (℃) / 组别	沸点 /℃	闪点 /℃	爆炸浓度 (V%) 下限	爆炸浓度 (V%) 上限	火灾危险性分类	蒸气密度 /(kg/m³)	备注
1	甲烷	540/T1	-161.5	—	5.0	15.0	甲	0.77	液化后为甲$_A$
2	乙烷	515/T1	-88.9	—	3.0	15.5	甲	1.34	液化后为甲$_A$
3	丙烷	466/T1	-42.1	—	2.1	9.5	甲	2.07	液化后为甲$_A$
4	丁烷	405/T2	-0.5	—	1.9	8.5	甲	2.59	液化后为甲$_A$
5	戊烷	260/T3	36.07	<-40.0	1.4	7.8	甲$_B$	3.22	—
6	己烷	225/T3	68.9	-22.8	1.1	7.5	甲$_B$	3.88	—
7	庚烷	215/T3	98.3	-3.9	1.1	6.7	甲$_B$	4.53	—
8	辛烷	220/T3	125.67	13.3	1.0	6.5	甲$_B$	5.09	—
9	壬烷	205/T3	150.77	31.0	0.7	5.6	乙$_A$	5.73	—
10	环丙烷	500/T1	-33.9	—	2.4	10.4	甲	1.94	液化后为甲$_A$
11	环戊烷	380/T2	469.4	<-6.7	1.4	—	甲$_B$	3.10	—
12	异丁烷	460/T1	-11.7	—	1.8	8.4	甲	2.59	液化后为甲$_A$
13	环己烷	245/T3	81.7	-20.0	1.3	8.0	甲$_B$	3.75	—
14	异戊烷	420/T2	27.8	<-51.1	1.4	7.6	甲$_B$	3.21	—
15	异辛烷	410/T2	99.24	-12.0	1.0	6.0	甲$_B$	5.09	—
16	乙基环丁烷	210/T3	71.1	<-15.6	1.2	7.7	甲$_B$	3.75	—
17	乙基环戊烷	260/T3	103.3	<21	1.1	6.7	甲$_B$	4.40	—
18	乙基环己烷	262/T3	131.7	35	0.9	6.6	乙$_A$	5.04	—
19	甲基环己烷	250/T3	101.1	-3.9	1.2	6.7	甲$_B$	4.40	—
20	乙烯	425/T2	-103.7	—	2.7	36	甲	1.29	液化后为甲$_A$

续表 8.1

序号	物质名称	引燃温度(℃)/组别	沸点/℃	闪点/℃	爆炸浓度(V%)下限	爆炸浓度(V%)上限	火灾危险性分类	蒸气密度/(kg/m³)	备注
21	丙烯	460/T1	-47.2	—	2.0	11.1	甲	1.94	液化后为甲$_A$
22	1-丁烯	385/T2	-6.1	—	1.6	10.0	甲	2.46	液化后为甲$_A$
23	2-丁烯(顺)	325/T2	3.7	—	1.7	9.0	甲	2.46	液化后为甲$_A$
24	2-丁烯(反)	324/T2	1.1	—	1.8	9.7	甲	2.46	液化后为甲$_A$
25	丁二烯	420/T2	-4.44	—	2.0	12	甲	2.42	液化后为甲$_A$
26	异丁烯	465/T1	-6.7	—	1.8	9.6	甲	2.46	液化后为甲$_A$
27	乙炔	305/T2	-84	—	2.5	100	甲	1.16	液化后为甲$_A$
28	丙炔	/T1	-2.3	—	1.7	—	甲	1.81	液化后为甲$_A$
29	苯	560/T1	80.1	-11.1	1.3	7.1	甲$_B$	3.62	—
30	甲苯	480/T1	110.6	4.4	1.2	7.1	甲$_B$	4.01	—
31	乙苯	430/T2	136.2	15	1.0	6.7	甲$_B$	4.73	—
32	邻-二甲苯	465/T1	144.4	17	1.0	6.0	甲$_B$	4.78	—
33	间-二甲苯	530/T1	138.9	25	1.1	7.0	甲$_B$	4.78	—
34	对-二甲苯	530/T1	138.3	25	1.1	7.0	甲$_B$	4.78	—
35	苯乙烯	490/T1	146.1	32	1.1	6.1	乙$_A$	4.64	—
36	环氧乙烷	429/T2	10.56	<-17.8	3.6	100	甲	1.94	—
37	环氧丙烷	430/T2	33.9	-37.2	2.8	37	甲$_B$	2.59	—
38	甲基醚	350/T2	-23.9	—	3.4	27	甲	2.07	液化后为甲$_A$
39	乙醚	170/T4	35	-45	1.9	36	甲$_B$	3.36	—

续表 8.1

序号	物质名称	引燃温度 (℃) / 组别	沸点 / ℃	闪点 / ℃	爆炸浓度 (V%) 下限	爆炸浓度 (V%) 上限	火灾危险性分类	蒸气密度 / (kg/m³)	备注
40	乙基甲基醚	190 / T4	10.6	-37.2	2.0	10.1	甲$_A$	2.72	—
41	二甲醚	240 / T3	-23.7	—	3.4	27	甲	2.06	液化后为甲$_A$
42	二丁醚	194 / T4	141.1	25	1.5	7.6	甲$_B$	5.82	—
43	甲醇	385 / T2	63.9	11	6.7	36	甲$_B$	1.42	—
44	乙醇	422 / T2	78.3	12.8	3.3	19	甲$_B$	2.06	—
45	丙醇	440 / T2	97.2	25	2.1	13.5	甲$_B$	2.72	—
46	丁醇	365 / T2	117.0	28.9	1.4	11.2	乙$_A$	3.36	—
47	戊醇	300 / T3	138.0	32.7	1.2	10	乙$_A$	3.88	—
48	异丙醇	399 / T2	82.8	11.7	2.0	12	甲$_B$	2.72	—
49	异丁醇	426 / T2	108.0	31.6	1.7	19.0	乙$_A$	3.30	—
50	甲醛	430 / T2	-19.4	—	7.0	73	甲	1.29	液化后为甲$_A$
51	乙醛	175 / T4	21.1	-37.8	4.0	60	甲$_B$	1.94	—
52	丙醛	207 / T3	48.9	-9.4~7.2	2.9	17	甲$_B$	2.59	—
53	丙烯醛	235 / T3	51.7	-26.1	2.8	31	甲$_B$	2.46	—
54	丙酮	465 / T1	56.7	-17.8	2.6	12.8	甲$_B$	2.59	—
55	丁醛	230 / T3	76	-6.7	2.5	12.5	甲$_B$	3.23	—
56	甲乙酮	515 / T1	79.6	-6.1	1.8	10	甲$_B$	3.23	—
57	环己酮	420 / T2	156.1	43.9	1.1	8.1	乙$_A$	4.40	—
58	乙酸	465	118.3	42.8	5.4	16	乙$_A$	2.72	—
59	甲酸甲酯	465 / T1	32.2	-18.9	5.0	23	甲$_B$	2.72	—
60	甲酸乙酯	455	54.4	-20	2.8	16	甲$_B$	3.37	—
61	醋酸甲酯	501	60	-10	3.1	16	甲$_B$	3.62	—
62	醋酸乙酯	427 / T2	77.2	-4.4	2.2	11.0	甲$_B$	3.88	—
63	醋酸丙酯	450	101.7	14.4	2.0	3.0	甲$_B$	4.53	—

续表 8.1

序号	物质名称	引燃温度(℃)/组别	沸点/℃	闪点/℃	爆炸浓度(V%) 下限	爆炸浓度(V%) 上限	火灾危险性分类	蒸气密度/(kg/m³)	备注
64	醋酸丁酯	425/T2	127	22	1.7	7.3	甲$_B$	5.17	—
65	醋酸丁烯酯	427/T2	717.7	7.0	2.6	—	甲$_B$	3.88	—
66	丙烯酸甲酯	415/T2	79.7	-2.9	2.8	25	甲$_B$	3.88	—
67	呋喃	390321/T2	31.1	<0	2.3	14.3	甲$_B$	2.97	—
68	四氢呋喃		66.1	-14.4	2.0	11.8	甲$_B$	3.23	—
69	氯代甲烷	623/T1	-23.9	—	10.7	17.4	甲	2.33	液化后为甲$_A$
70	氯乙烷	519	12.2	-50	3.8	15.4	甲$_A$	2.84	—
71	溴乙烷	511/T1	37.8	<-20	6.7	11.3	甲$_B$	4.91	—
72	氯丙烷	520/T2	46.1	<-17.8	2.6	11.1	甲$_B$	3.49	—
73	氯丁烷	245/T2	76.6	-9.4	1.8	10.1	甲$_B$	4.14	液化后为甲$_A$
74	溴丁烷	265/T2	102	18.9	2.6	6.6	甲$_B$	6.08	—
75	氯乙烯	413/T2	-13.9	—	3.6	33	甲$_B$	2.84	液化后为甲$_A$
76	烯丙基氯	485/T1	45	-32	2.9	11.1	甲$_B$	3.36	—
77	氯苯	640/T1	132.2	28.9	1.3	7.1	乙$_A$	5.04	
78	1,2-二氯乙烷	412/T2	83.9	13.3	6.2	16	甲$_B$	4.40	
79	1,1-二氯乙烯	570/T1	37.2	-17.8	7.3	16	甲$_B$	4.40	
80	硫化氢	260/T3	-60.4	—	4.3	45.5	甲$_B$	1.54	
81	二硫化碳	90/T6	46.2	-30	1.3	5.0	甲$_B$	3.36	
82	乙硫醇	300/T3	35.0	<26.7	2.8	10.0	甲$_B$	2.72	
83	乙腈	524/T1	81.6	5.6	4.4	16.0	甲$_B$	1.81	
84	丙烯腈	481/T1	77.2	0	3.0	17.0	甲$_B$	2.33	

续表 8.1

序号	物质名称	引燃温度 (℃)/组别	沸点 /℃	闪点 /℃	爆炸浓度 (V%) 下限	爆炸浓度 (V%) 上限	火灾危险性分类	蒸气密度 /(kg/m³)	备注
85	硝基甲烷	418/T2	101.1	35.0	7.3	63	乙$_A$	2.72	—
86	硝基乙烷	414/T2	113.8	27.8	3.4	5.0	甲$_B$	3.36	—
87	亚硝酸乙酯	90/T6	17.2	-35	3.0	50	甲$_B$	3.36	—
88	氰化氢	538/T1	26.1	-17.8	5.6	40	甲$_B$	1.16	—
89	甲胺	430/T2	-6.5	—	4.9	20.1	甲	2.72	液化后为甲$_A$
90	二甲胺	400/T2	7.2	—	2.8	14.4	甲	2.07	—
91	吡啶	550/T2	115.5	<2.8	1.7	12	甲$_B$	3.53	—
92	氢	510/T1	-253	—	4.0	75	甲	0.09	—
93	天然气	484/T1	—	—	3.8	13	甲	—	—
94	城市煤气	520/T1	<-50	—	4.0	—	甲	10.65	—
95	液化石油气	—	—	—	1.0	1.5	甲$_A$	—	气化后为甲类气体，下限按国际海协数据
96	轻石脑油	285/T3	36~68	<-20.0	1.2	—	甲$_B$	≥3.22	—
97	重石脑油	233/T3	65~177	-22~20	0.6	—	甲$_B$	≥3.61	—
98	汽油	280/T3	50~150	<-20	1.1	5.9	甲$_B$	4.14	—
99	喷气燃料	200/T3	80~250	<28	0.6	—	乙$_A$	6.47	闪点按GB 1788-79的数据
100	煤油	223/T3	150~300	≤45	0.6	—	乙$_A$	6.47	—
101	原油	—	—	—	—	—	甲$_B$	—	—

注："蒸气密度"一栏是在原"蒸气比重"数值上乘以 1.293 而得，为标准状态下的密度。

表8.2 常用有毒气体、蒸气特性表

物质名称	相对密度（气体）	熔点/℃	沸点/℃	时间加权平均容许浓度/(mg/m³)	短时间接触容许浓度/(mg/m³)	最高容许浓度/(mg/m³)	直接致害浓度/(mg/m³)
一氧化碳	0.97	-199.1	-191.4	20	30	—	1 700
氯乙烯	2.15	-160	-13.9	10	25	—	—
硫化氢	1.19	-85.5	-60.4	—	—	10	430
氯	2.48	-101	-34.5	—	—	1	88
氰化氢	0.93	-13.2	25.7	—	—	1	56
丙烯腈	1.83	-83.6	77.3	1	2	—	1 100
二氧化氮	1.58	-11.2	21.2	5	10	—	96
苯	2.7	5.5	80	6	10	—	9 800
氨	0.77	-78	-33	20	30	—	360
碳酰氯	1.38	-104	8.3	—	—	0.5	8

表8.3 常用气体检（探）测器的技术性能表

项目	催化燃烧型检（探）测器	热传导型检（探）测器	红外气体检（探）测器	半导体型检（探）测器	电化学型检（探）测器	光致电离型检（探）测器
被测气的含氧要求	需要$O_2 > 10\%$	无	无	无	无	无
可燃气体测量范围	≤爆炸下限	≤爆炸下限~100%	0~100%	≤爆炸下限	≤爆炸下限	≤爆炸下限
不适用的被测气体	大分子有机物	—	H_2	—	烷烃	H_2, CO, CH_4[①]
相对响应时间	与被测介质有关	中等	较短	与被测介质有关	中等	较短
检测干扰气体	无	CO_2, 氟利昂	有	SO_2, NO_x, HO_2	SO_2, NO_x	[②]
使检测元件中毒的介质	Si, Pb, 卤素, H_2S	无	无	Si, SO_2, 卤素	CO_2	无
辅助气体要求	无	无	无	无	无	无

注：① 为离子化能级高于所用紫外灯的能级的被测物；② 为离子化能级低于所用紫外灯的能级的被测物。

可燃气体报警控制器的报警信息和故障信息,应在消防控制室图形显示装置或集中火灾报警控制器上显示;但该类信息与火灾报警信息的显示应有区别。

可燃气体报警控制器发出报警信号时,应能启动保护区域的火灾声光警报器。

可燃气体探测报警系统保护区域内有联动和警报要求时,应由可燃气体报警控制器或消防联动控制器联动实现。

可燃气体探测报警系统设置在有防爆要求的场所时,还应符合有关防爆要求。

8.3 可燃气体探测器的设置

8.3.1 可燃气体探测器适宜应用的探测区域

1)探测区域为使用管道煤气或天然气的场所。

2)探测区域为煤气站和煤气表房以及存储液化石油气罐的场所。

3)探测区域为其他散发可燃气体和可燃蒸气的场所。

4)探测区域为有可能产生一氧化碳气体的场所,宜选择一氧化碳气体探测器。

另外,使用煤气的家庭,应设感应一氧化碳的可燃气体探测器。使用天然气或液化石油气的家庭,应分别设感应甲烷和丙烷的可燃气体探测器。

8.3.2 可燃气体探测器的设置要求

探测气体密度小于空气密度的可燃气体,探测器应设置在被保护空间的顶部;探测气体密度大于空气密度的可燃气体,探测器应设置在被保护空间的下部;探测气体密度与空气密度相当时,可燃气体探测器可设置在被保护空间的中间部位或顶部。

1)可燃气体探测器安装位置应选择阀门、管道接口、出气口或易泄漏处附近方圆1m的范围内,并尽可能靠近,但不要影响其他设备操作，同时尽量避免高温、高湿环境。

2）可燃气体探测器用于大面积气体检测时可采用 10~12 m^2 一个探头布置，也可达到检测报警效果。

3）可燃气体探测器安装方式可采用房顶吊装、墙壁安装或抱管安装，应确保安装牢固可靠，同时应考虑便于维护、标定。

4）可燃气体探测器宜安装在无冲击、无振动、无强电磁场干扰的场所，且周围留有不小于 0.3 m 的净空。可燃气体探测器安装高度：检测氢气、天然气、城市煤气等密度小于空气的气体时，采用距屋顶 1 m 左右安装；检测液化石油气等密度大于空气的气体时，采用距地面 1.5~2 m 左右安装。

5）可燃气体探测器布线宜采用屏蔽电缆，单根线径大于 1 mm^2，接线时屏蔽层必须接地。

6）可燃气体探测器现场走线应穿管，所用管子应符合消防要求，管子应与探头连接，以达到消防要求。

7）可燃气体检测探头安装时传感器应朝下固定。

8）可燃气体探测器应在断电情况下接线，确定接线正确后通电；应在确定现场无可燃气体泄漏情况下，开盖调试探头。

可燃气体探测器宜设置在可能产生可燃气体的部位附近。点型可燃气体探测器的保护半径，应符合现行国家标准 GB 50493—2009《石油化工可燃气体和有毒气体检测报警设计规范》的有关规定；线型可燃气体探测器的保护区域长度不宜大于 60 m。

8.4　可燃气体报警控制器的设置

当有消防控制室时，可燃气体报警控制器可设置在保护区域附近；当无消防控制室时，可燃气体报警控制器应设置在有人员值班的场所。可燃气体报警控制器的设置应符合火灾报警控制器的安装设置要求。

9 电气火灾监控系统

9.1 概述

根据我国近几年的火灾统计，电气火灾年均发生次数占火灾年均总发生次数的30%左右，占重特大火灾总发生次数的80%左右，居各火灾原因之首位，且损失占火灾总损失的53%；而发达国家每年电气火灾发生次数仅占总火灾发生次数的8%~13%。

从引发火灾的3个主要原因电气故障、违章作业和用火不慎来看，由于电气故障原因引发的火灾居于首位。而电气故障引发火灾的原因是多方面的，主要包括电缆老化、施工的不规范、电气设备故障等。

电气火灾一般初起于电气柜、电缆隧道等内部，当火蔓延到设备及电缆表面时，已形成较大火势，此时往往已不易被控制，扑灭电气火灾的最好时机已经错过。而电气火灾监控系统能在发生电气故障，产生一定电气火灾隐患的条件下发出警报，提醒专业人员排除电气火灾隐患，实现电气火灾的早期预防，避免电气火灾的发生，因此具有很强的电气防火预警的特殊实用功能。通过合理设置电气火灾监控系统，可以有效探测供电线路及供电设备故障，以便及时处理，避免电气火灾的发生。

在发生过电流、接触不良等渐变型电气故障时，会导致电缆接头、接线端子等部位温度升高，当温度升高到一定程度即可能引燃周围的可燃物，从而引发电气火灾。在电缆接头、接线端子等薄弱部位设置测温式电气火灾监控探测器可以有效监测这些部位的温度变化，在温度达到一定阈值时作出报警响应，从而消除这类电气故障带来的电气火灾隐患。

漏电一般是指供电线路中相间或相地间绝缘不够，或电气设备中的相与电气设备外壳间绝缘不够，而产生的放电电流。局部漏电会加速电气线路绝缘性能下降，从而造成漏电流的逐渐增加，最终造成故障电弧，引燃周围的可燃物，继而引发火灾。因此在供电线路中设置剩余电流式电气火灾探测器可以有效监控供电线路泄漏电流值的变化，在泄漏电流达到一定阈值后作出报警响应；在供电线路中设置故障电弧式电气火灾探测器可以有效监控保护线路的故障电弧的发生，从而最终消除这类电气故障造成的电气火灾隐患。

根据 GB 14287.1—2005《电气火灾监控系统 第1部分：电气火灾监控设备》的定义，电气火灾监控系统是当被保护线路中的被探测参数超过报警设定值时，能发出报警信号、控制信号并能指示报警部位的系统，它由电气火灾监控设备、电气火灾监控探测器组成。

电气火灾监控设备：能接收来自电气火灾监控探测器的报警信号，发出声、光报警信号和控制信号，指示报警部位，记录并保存报警信息的装置。

电气火灾监控探测器：探测被保护线路中的剩余电流、温度等电气火灾危险参数变化的探测器。

9.1.1 电气火灾监控系统工作原理

发生电气故障时，电气火灾监控探测器将保护线路中的剩余电流、温度、故障电弧等电气故障参数信息转变为电信号，经数据处理后，探测器作出报警判断，将报警信息传输到电气火灾监控器。电气火灾监控器在接收到探测器的报警信息后，经报警确认判断，显示电气故障报警探测器的部位信息，记录探测器报警的时间，同时驱动安装在保护区域现场的声光警报装置，发出声光警报，警示人员采取相应的处置措施，排除电气故障，消除电气火灾隐患，防止电气火灾的发生。电气火灾监控系统的工作原理如图9.1所示。

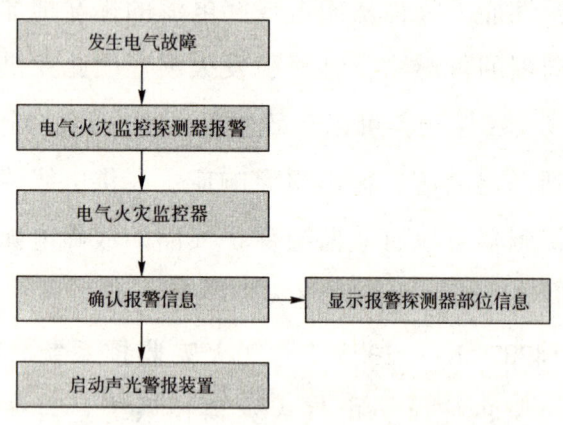

图9.1　电气火灾监控系统原理图

9.1.2　电气火灾监控系统适用场所

电气火灾监控系统适用于具有电气火灾危险的场所，尤其是变电站、石油石化、冶金等不能中断供电的重要场所的电气故障探测，在产生一定电气火灾隐患的条件下发出报警信号，提醒专业人员排除电气火灾隐患，实现电气火灾的早期预防，避免电气火灾的发生。

9.1.3　电气火灾监控系统功能

根据GB 14287.1—2005《电气火灾监控系统　第1部分：电气火灾监控设备》的相关规定，电气火灾监控系统应具有以下功能。

9.1.3.1 通用要求

1) 监控设备主电源应采用220 V、50 Hz交流电源,电源线输入端应设接线端子。

2) 监控设备应设有保护接地端子。

3) 监控设备应具有中文的功能标注和信息显示。

9.1.3.2 监控报警功能

1) 监控设备应能接收来自探测器的监控报警信号,并在30 s内发出声、光报警信号,指示报警部位,记录报警时间,并予以保持,直至手动复位。

2) 报警声信号应手动消除,当再次有报警信号输入时,应能再次启动。

9.1.3.3 控制输出功能

1) 监控设备在报警状态下应有用于控制被保护线路的控制输出,其输出接点的容量、数量及参数应在有关技术文件中说明。

2) 监控设备可设置用于电气设备通断电的控制输出,每一控制输出应有对应的手动直接控制按钮(键)。

3) 不应使用同一控制输出接点同时控制报警监控设备内部和外部电路。

9.1.3.4 故障报警功能

1) 当监控设备发生下述故障时,应能在100 s内发出与监控报警信号有明显区别的声光故障信号:

① 监控设备与探测器之间的连接线断路、短路;

② 监控设备主电源欠压;

③ 给备用电源充电的充电器与备用电源间的连接线断路、

短路；

④备用电源与其负载间的连接线断路、短路。

其中，对于①类故障应指示出部位，对于②③④类故障应指示出类型。

2) 故障声信号应能手动消除，再有故障信号输入时，应能再启动；故障光信号应保持至故障排除。

3) 故障期间，非故障回路的正常工作不应受影响。

9.1.3.5 自检功能

1) 监控设备应能对本机进行功能检查，监控设备在执行自检期间，受控制的外接设备和输出接点均不应动作。监控设备自检时间超过 1 min 或其不能自动停止自检功能时，监控设备的自检不应影响非自检部位的报警功能。

2) 监控设备应能手动检查其面板所有指示灯、显示器的功能。

9.1.3.6 电源功能

1) 监控设备应具有主、备电源转换装置。当主电源断电时，能自动转换到备用电源；当主电源恢复时，能自动转换到主电源；主、备电源的工作状态应有指示，主电源应有过流保护措施。主、备电源的转换不应使监控设备发出报警信号。主电源容量应能保证监控设备在下述负载条件下，连续工作 4 h：

① 监控设备容量不超过 10 个构成单独部位号的回路（以下简称回路）时，所有回路均处于报警状态；

② 监控设备容量超过 10 个回路时，20% 的回路（不少于 10 个回路，且不超过 30 个回路）处于报警状态。

2) 当监控设备的供电电压在额定电压（220 V）的 85%～110% 范围变化时，应能正常工作。

9.1.3.7 操作级别

监控设备应至少设有两级操作级别,第一级(最低级别)只允许消除声报警信号和查询信息。进入二级以上操作级别应采用钥匙、操作密码,用于进入高级操作级别的钥匙或密码可用于进入低级操作级别,但用于进入低级操作级别的钥匙或密码不能用于进入高级操作级别。

9.2 电气火灾监控系统组成及分类

9.2.1 电气火灾监控系统组成

电气火灾监控系统由下列部分或全部设备组成:

1)电气火灾监控器。电气火灾监控器用于向所连接的电气火灾监控探测器供电,能接收来自电气火灾监控探测器的报警信号,发出声、光报警信号和控制信号,指示报警部位,记录并保存报警信息。

2)剩余电流式电气火灾监控探测器。

3)测温式电气火灾监控探测器。

4)故障电弧式电气火灾监控探测器。

5)热解粒子式电气火灾监控探测器。

6)电气防火限流式保护器。

7)当线型感温火灾探测器用于电气火灾监控时,可接入电气火灾监控器。

其中,系统中1)、2)、3)类产品为目前广泛使用且有现行国家标准要求的用于电气保护的电气火灾监控产品,4)、5)、6)类产品为新兴技术的产品,相关国家标准在制定和发布过程中,也将陆续进入市场应用阶段。

电气火灾监控系统的组成和实物图示分别如图9.2、图9.3所示。

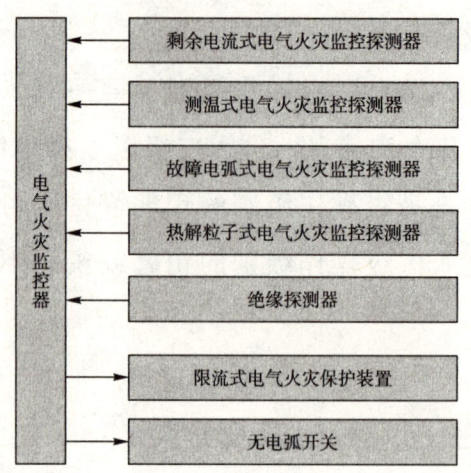

图 9.2 电气火灾监控系统组成

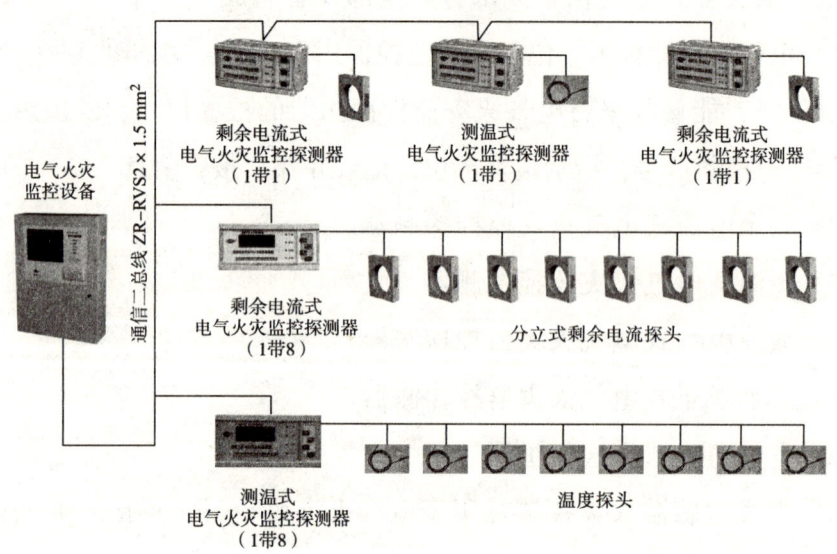

图 9.3 电气火灾监控系统构成实物图示

9.2.2 电气火灾监控系统分类

9.2.2.1 电气火灾监控探测器分类

1) 按工作方式分类：

① 独立式电气火灾监控探测器，即可以自成系统，不需要配接电

气火灾监控设备，独立探测保护对象电气火灾危险参数变化，并能发出声、光报警信号的探测器。

② 非独立式电气火灾监控探测器，即自身不具有报警功能，需要配接电气火灾监控设备组成系统。

2）按工作原理分类：

① 剩余电流式电气火灾监控探测器，即当被保护线路的相线直接或通过非预期负载对大地接通，而产生近似正弦波形且其有效值呈缓慢变化的剩余电流，当该电流大于预定数值时即自动报警的电气火灾监控探测器。

② 测温式（过热保护式）电气火灾监控探测器，即当被保护线路的温度高于预定数值时，自动报警的电气火灾监控探测器。

③ 故障电弧式电气火灾监控探测器，即当被保护线路上发生故障电弧时，发出报警信号的电气火灾监控探测器。

④ 热解粒子式电气火灾监控探测器，监测被保护区域中电线电缆、绝缘材料和开关插座由于异常温度升高而产生的热解粒子浓度变化的探测器，一般由热解粒子传感器和信号处理单元组成。

9.2.2.2 电气火灾监控设备分类

按系统连线方式分为：

1）多线制电气火灾监控设备，即采用多线制方式与电气火灾监控探测器连接。

2）总线制电气火灾监控设备，即采用总线（一般为2~4根）方式与电气火灾监控探测器连接。

9.3 设计理念

电气火灾的发生和发展具有以下几个特点：

1) 隐蔽性。由于通常漏电与短路都发生在电器设备及穿线管的内部，因此在一般情况下电气起火的最初部位是看不到的，只有当火灾已经形成并发展成大火后才能看到，但此时火势已大，再扑救已经很困难。

2) 燃烧快。电线着火时，火焰沿着电线燃烧得非常迅速，原因是处于短路或过流时的局部温度特别高。

3) 扑救难。电线或电器设备着火时一般是在其内部，看不到起火点，且不能用水来扑救，所以电气火灾一旦发展不易扑救。

由于电气火灾一般发生于配电系统或线缆井、管道内部，当火已蔓延到表面时，形成较大火势且烟雾弥漫时传统感烟火灾探测器才能报警，但此时火势往往已不能控制，扑灭电气火灾的最好时机已经错过了。因此预防电气火灾，只能通过早期预警方式，电气火灾监控系统属于预警系统，通过电气火灾监控系统的设计、施工和调试，能够排除施工过程中的电气火灾隐患；并在建筑电气工程日常运转条件下，随着电气设备和线路的老化，及时发现潜在的电气火灾隐患，从而在根本上遏制电气火灾的发生。

9.3.1 电气火灾隐患的探测

电气火灾监控探测器包括：剩余电流式电气火灾监控探测器、测温式电气火灾监控探测器、故障电弧式电气火灾监控探测器、热解粒子式电气火灾监控探测器等：

1) 剩余电流式电气火灾监控探测器，一般不是直接用于探测火灾，而是主要用于规范建筑电气线路的施工与布线，监控线路破损等故障，从而降低电气火灾发生率。根据几年的电气火灾监控系统使用情况调查，很多工程中的配电线路都存在施工不规范的现象，工程项目较多的企业查出来的施工问题项目占总安装项目的90%以上，工程项目较少的企业查出来的施工问题项目占总安装项目的 15%~30%。因此，基于规范布线、减少电气故障隐患，继而降低电气火灾发生率的防护理念，剩余电流式电气火灾监控探测器应优先设置在一级配电出线端，一般情况下，在一级出线端固有泄漏电流大于 300 mA 时，可认为不符合设置条件，这种情况下应考虑设置在二级出线端，依此类推。

探测器的报警阈值一般在 300~500 mA，这个报警值是指在滤掉线路固有泄漏电流（也称自然泄漏电流）基础上设置的报警值。其中 300 mA 是 IEC 给出的数据，也是在试验室条件下剩余电流产生拉弧引燃脱脂棉的条件，而针对工程现场的可燃或易燃材料的燃点都比脱脂棉高，因此报警阈值可以适当提高。

剩余电流的报警阈值是在考虑电气回路自然泄漏电流的基础上设置的，应通过调整探测器的设置来尽量抵消自然泄漏电流对探测器的影响。

2) 测温式电气火灾监控探测器，用于线路过负荷、接触不良而引发火灾的探测，是探测电气故障引发火灾最有效的手段之一，适用于各类配电柜；主要设置在电气线路中的接头部位，即配电柜内。

目前应用于测温式电气火灾监控探测器的温度传感器主要采用热敏电阻，对中低压配电柜有很好的保护作用；但是由于安装过程属于有线连接，在端子较多的配电设备和配电柜中，由于接线困难无法大面积敷设。但是局部敷设又无法实现全面的异常温度监控，因此具有一定的局限性。同时，在高压柜中，由于绝缘等问题，也存在一定的使用局限性。

根据目前的产品技术，在高压柜中，可采用非接触式测温探测器或采用线路端子上的传感器，无需通过布线即可连接到电气火灾监控设备的测温式探测器。这样，既可保证原有线路的电气强度，又实现了对线路故障的提前报警。

3）故障电弧式电气火灾监控探测器设置在末端配电箱出线端，用于探测线路及用电设备由于接触不良、线间放电而引发的火灾。该产品标准 GB 14287.4《故障电弧式电气火灾监控探测器 第 4 部分：故障电弧探测装置》预计会在 2014 年底发布实施。

4）热解粒子式电气火灾监控探测器，用于电气故障引发火灾前导线外皮等有机物受热挥发出的热解粒子的探测，该产品对电线电缆、配电盘、开关插座等产品的材质局部异常升温后产生的异味有很好的响应，适用于多端子的电气柜火灾探测。目前相关研究机构和生产企业正开展这方面的应用性研究。

9.3.2 电气火灾保护装置

电气火灾保护装置一般设置在末端，如限流式电气火灾保护装置。限流式电气火灾保护装置主要用于快速切断线路由于短路、过负荷等引发的电气故障，最适用于电动车充电线路、各类当铺式经营摊位、电器经营场所等负荷变化较大且断电后没有损失场所的电气线路防护。

9.3.3 安装原则

基于系统功能需求，安装原则如下：

1）剩余电流式电气火灾监控探测器，优先安装在一级配电出线端，如果一级配电出线端测得的固有剩余电流波动非常大，则考虑安装在二级配电出线端，依次向前推进。监控系统应考虑自适应保护线路的正常漏电波动，即补偿功能。

2）测温式电气火灾监控探测器用于接头端子探测，一般安装在所有级别配电柜内。

3) 故障电弧式电气火灾监控探测器主要用于末端探测，线路末端是负载变化最大的部分，也是电气火灾发生最多的部分，因此应属于最重点的防护部位。但由于其特性是切断电源式的保护，所以适合用于断电后不会产生损失和危害的场所。

4) 热解粒子式电气火灾监控探测器用于柜内所有由于温度升高而产生热解粒子的探测，一般应设置在柜内顶部。

5) 限流式电气火灾保护装置一般用于末端断电保护，所以应设置在末级配电箱出线端。

9.4 系统设置

9.4.1 一般规定

9.4.1.1 设置原则

电气火灾监控系统应根据建筑物的性质及电气火灾危险性设置，并应根据电气线路敷设和用电设备的具体情况，确定电气火灾监控探测器的形式与安装位置。在无消防控制室且电气火灾监控探测器设置数量不超过8个时，可采用独立式电气火灾监控探测器。

9.4.1.2 设计要求

电气火灾监控系统属于火灾预报警系统，是火灾自动报警系统的独立子系统。安装电气火灾监控系统可以有效地遏制电气火灾事故的发生，保障国家财产和人民生命财产安全。在工程设计中，应根据建筑物的性质、发生电气火灾危险性等项目实际情况，科学合理地设计电气火灾监控系统，既做到有效预防电气火灾的发生，又要避免不合理设置带来的浪费，真正体现经济合理的系统设计原则。

应根据工程规模和需要检测电气火灾的部位，确定采用独立式探测器或非独立式探测器。应根据电气敷设和用电设备具体情况，确定电气火灾监控探测器的形式与安装位置。

在设置消防控制室的场所，应将电气火灾监控系统的工作状态信息传输给消防控制室，在消防控制室图形显示装置上显示；但该类信息与火灾报警信息的显示应有区别，这样有利于整个消防系统的管理和应急预案的实施。

9.4.1.3 设计提示

1) 非独立式电气火灾监控探测器，应接入电气火灾监控器，不应接入火灾报警控制器的探测器回路。

电气火灾监控系统的设置不应影响供电系统的正常工作，不宜自动切断供电电源。

明确电气火灾监控系统作为电力供电系统的保障型系统，不能影响正常供电系统的工作。除非确定使用单位发生电气故障后可以切断供电电源，否则不能在报警后就切断供电电源。电气火灾监控探测器一旦报警，表示其监视的保护对象发生了异常，产生了一定的电气火灾隐患，容易引发电气火灾，但是并不能表示已经发生了火灾，因此报警后没有必要自动切断保护对象的供电电源，只要提醒维护人员及时查看电气线路和设备，排除电气火灾隐患即可。

2) 当线型感温火灾探测器用于电气火灾监控时，可接入电气火灾监控器。

线型感温火灾探测器的探测原理与测温式电气火灾探测器的探测原理相似，因此工程上经常会出现使用线型感温火灾探测器进行电气火灾隐患的探测。在这种情况下，线型感温火灾探测器的报警信号可接入电气火灾监控器。

3) 应加强电弧式电气火灾监控探测器的工程应用。不论哪种电气故障引发的火灾,最终引燃可燃物的均是由于电气设备或线路的故障而引发的电弧。因此要想有效降低电气火灾的发生几率,最行之有效的手段就是电弧式电气火灾监控探测器的有效应用。然而,由于故障电弧的识别有一定的技术难度,目前我国尚无相对成熟的产品。相信在不远的将来,随着技术的进步,该类产品的工程应用将大大改善我国电气火灾防控的现状。

9.4.1.4 工程案例(如图9.4、图9.5、图9.6、图9.7所示)

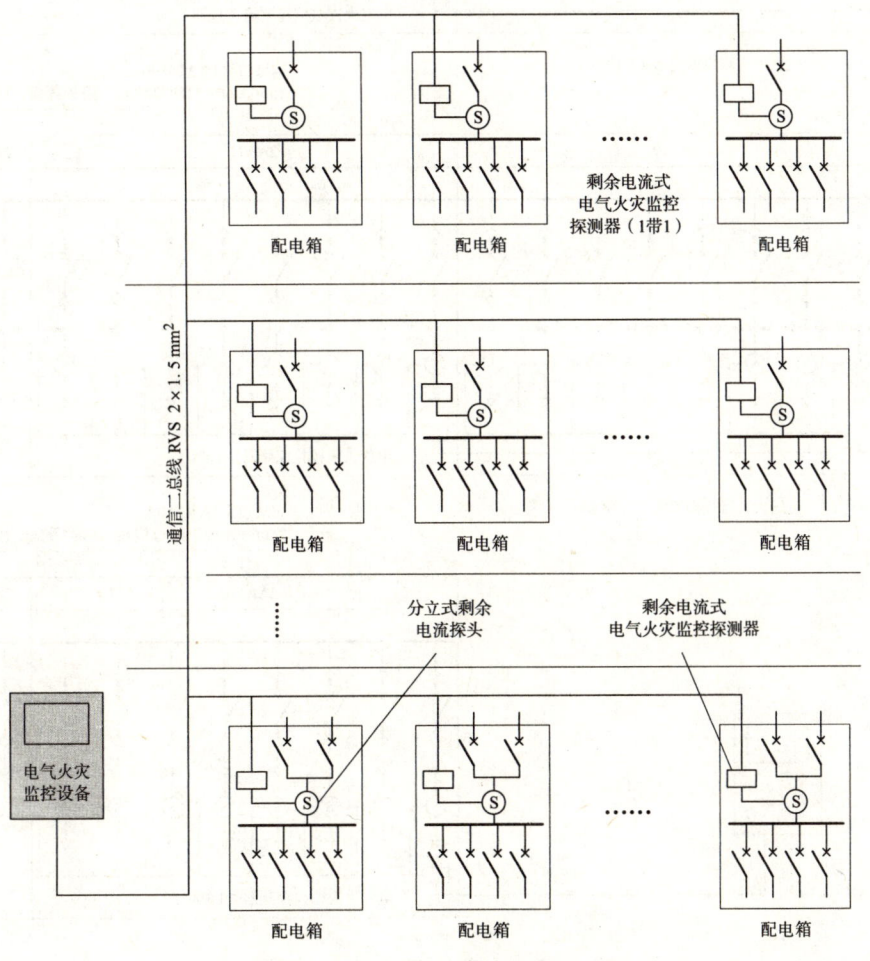

图9.4 电气火灾监控系统图Ⅰ

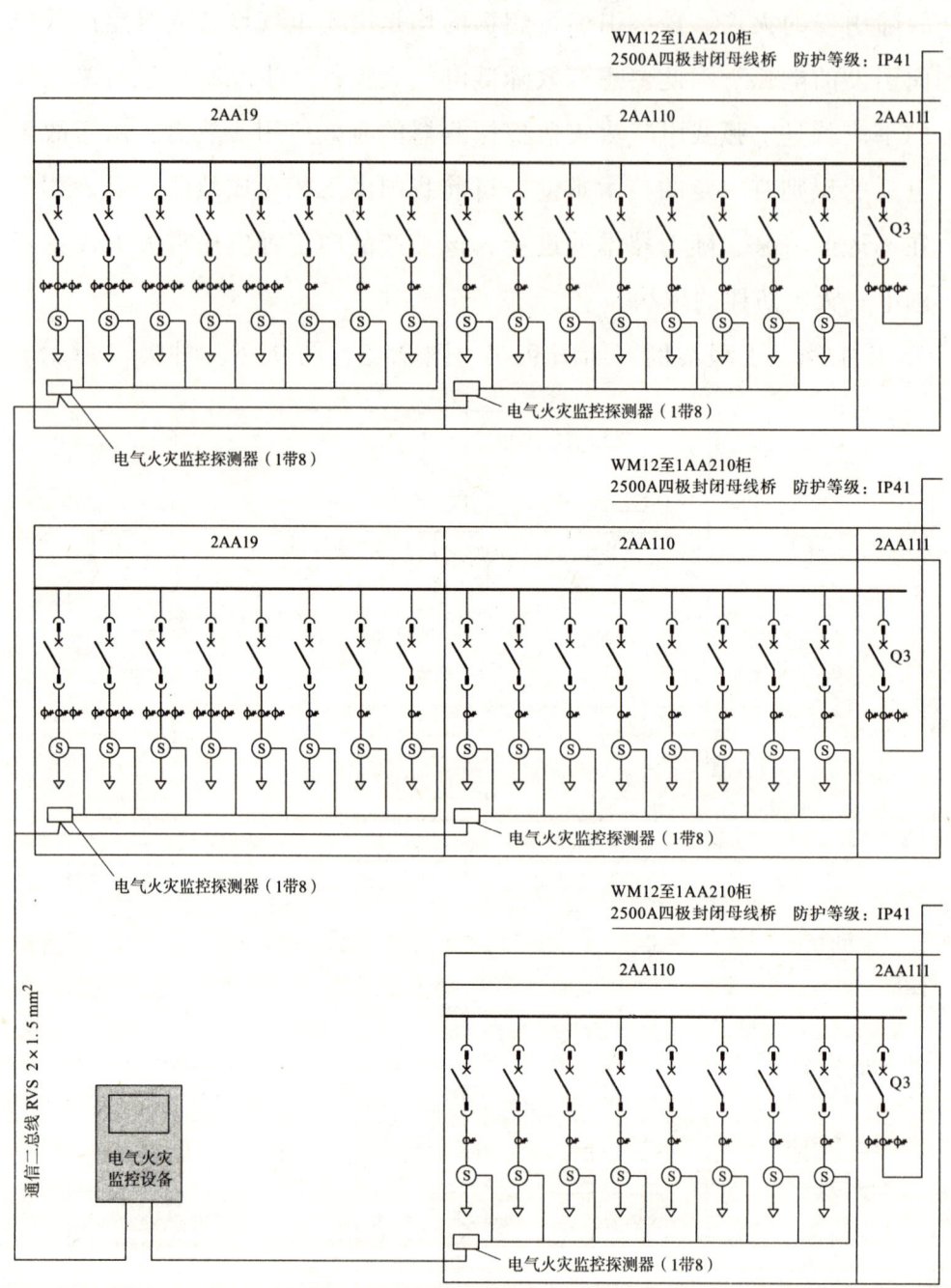

图 9.5 电气火灾监控系统图 II

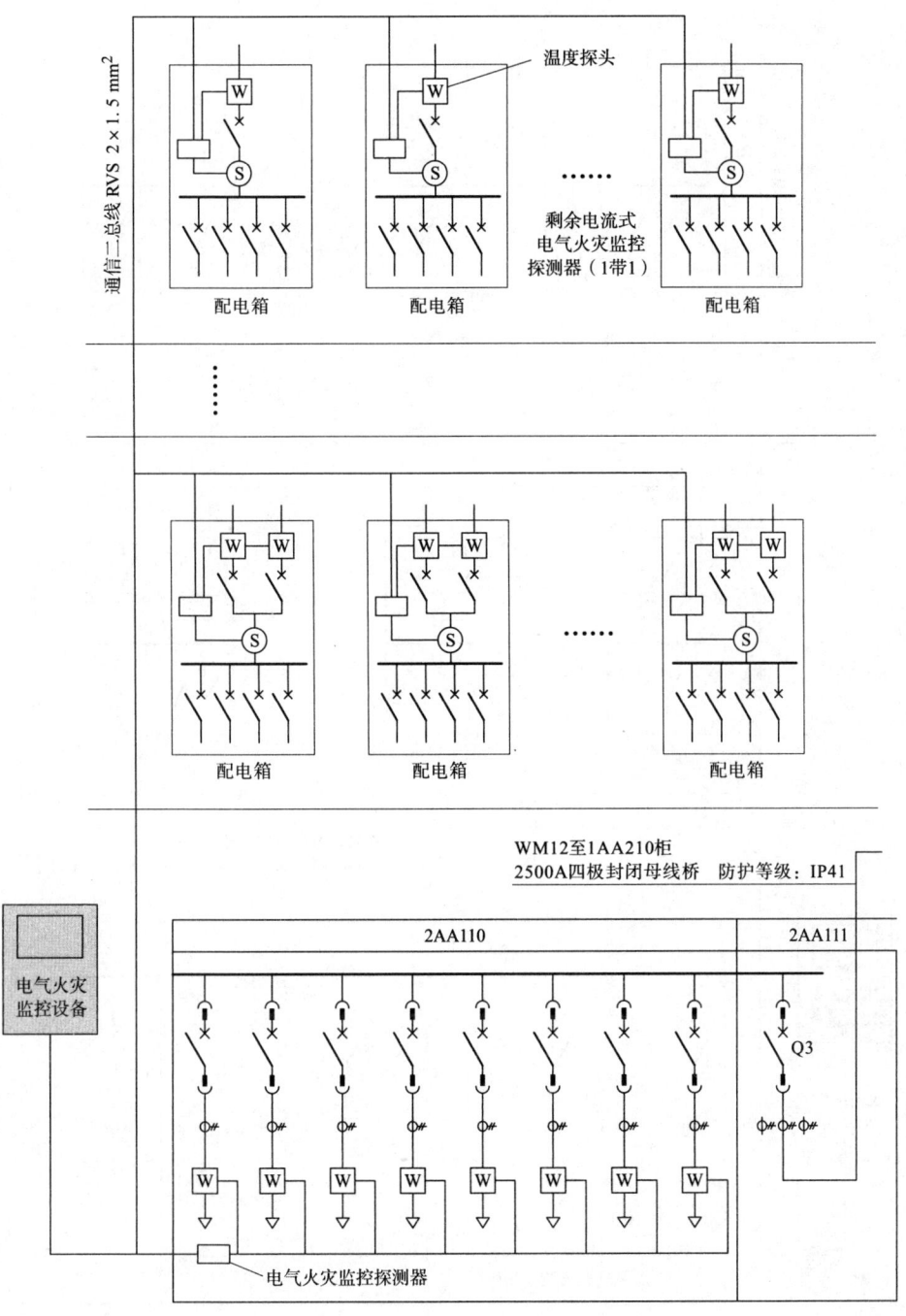

图 9.6 电气火灾监控系统图Ⅲ

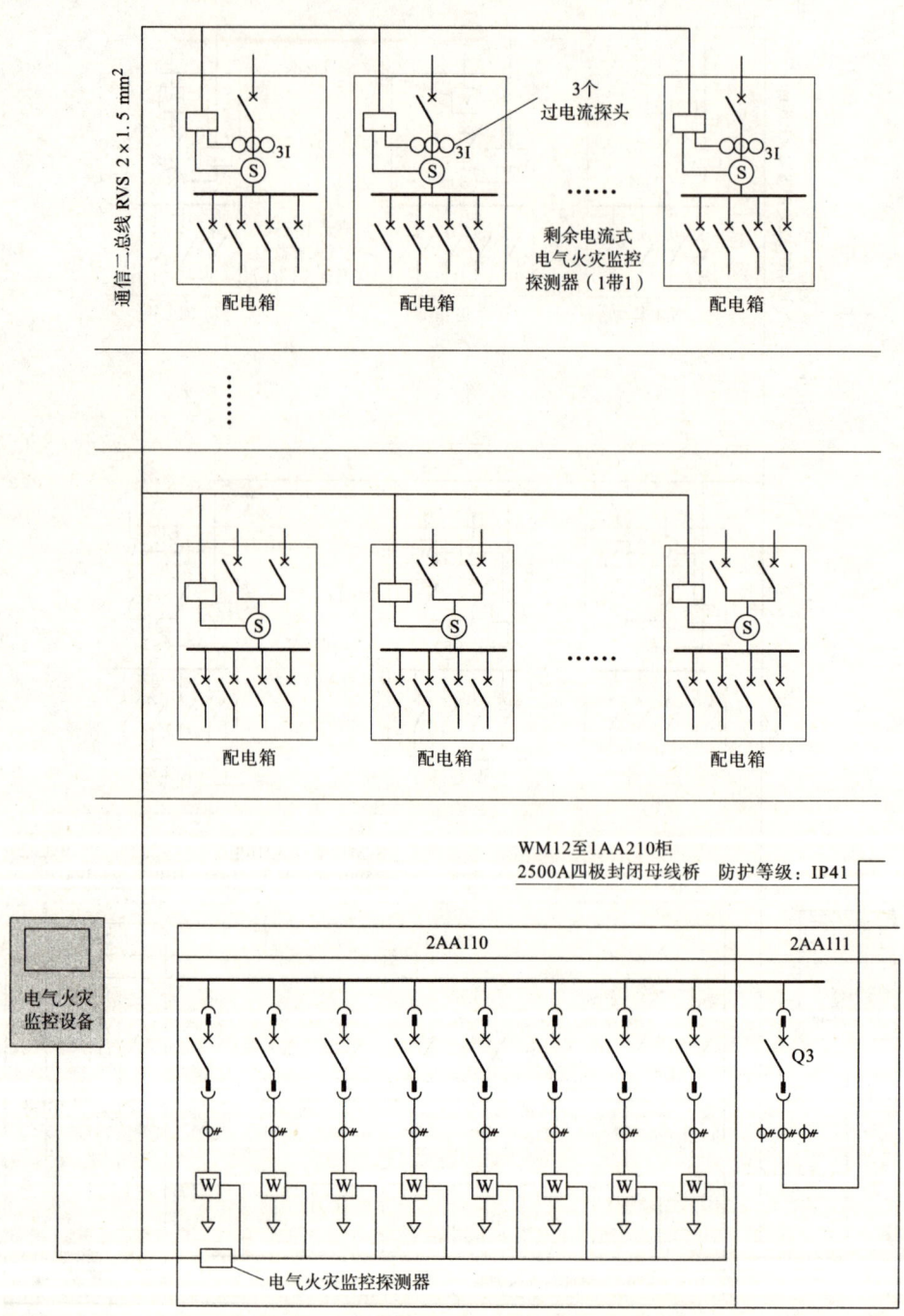

图 9.7　电气火灾监控系统图Ⅳ

9.4.1.5 独立式电气火灾监控探测器的设置

设置原则：独立式电气火灾监控探测器能够独立完成探测和报警功能，所以探测器的设置应符合新《火规》第9.2、9.3节的规定。

设计要求：

1）设有火灾自动报警系统时，独立式电气火灾监控探测器的报警信息和故障信息应在消防控制室图形显示装置或集中火灾报警控制器上显示；但该类信息与火灾报警信息的显示应有区别。

2）未设火灾自动报警系统时，独立式电气火灾监控探测器应将报警信号传至有人值班的场所。

9.4.1.6 电气火灾监控器的设置

电气火灾监控器是发出报警信号并对报警信息进行统一管理的设备，因此该设备应设置在有人值班的场所。一般情况下，可设置在保护区域附近或消防控制室。在有消防控制室的场所，电气火灾监控器发出的报警信息和故障信息应能在消防控制室内的火灾报警控制器或消防控制室图形显示装置上显示，但应与火灾报警信息和可燃气体报警信息有明显区别。之所以设置在保护区域附近主要是因为电气故障时，需要电工处理。信号传给消防控制室有利于整个消防系统的管理和应急预案的实施。

9.4.2 剩余电流式电气火灾监控探测器的设置

9.4.2.1 设置原则

剩余电流式电气火灾监控探测器应以设置在低压配电系统首端为基本原则，宜设置在第一级配电柜（箱）的出线端（如图9.8、图9.9、图9.10所示）。在供电线路泄漏电流大于500 mA时，宜在其下一级配电柜（箱）设置。

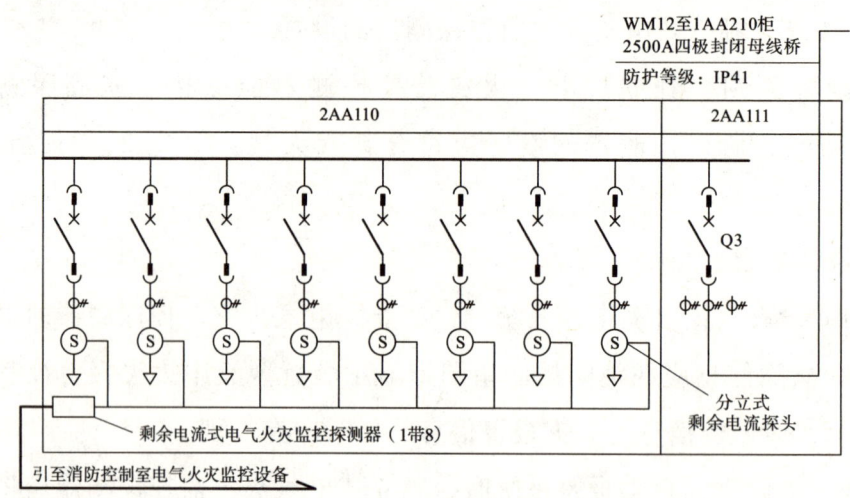

图9.8 剩余电流式电气火灾监控探测器设置在一级配电柜出线端Ⅰ

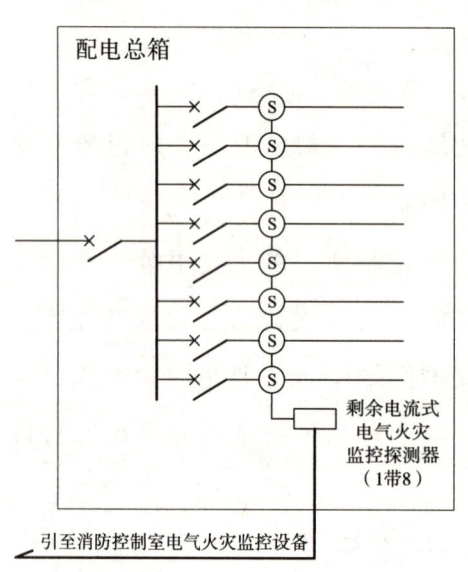

图9.9 剩余电流式电气火灾监控探测器设置在一级配电箱出线端Ⅱ

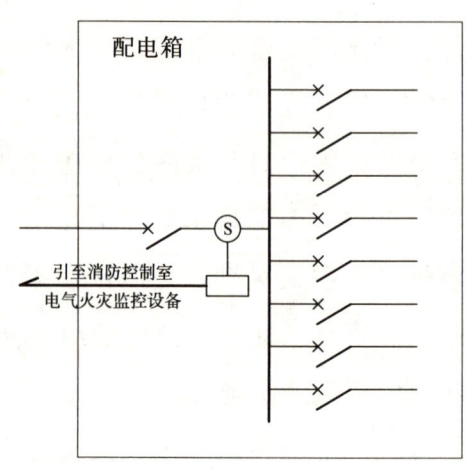

图9.10 剩余电流式电气火灾监控探测器设置在下一级配电箱进线端Ⅲ

9.4.2.2 设计要求

选择剩余电流式电气火灾监控探测器时,应计及供电系统自然泄漏电流的影响,并应选择参数合适的探测器;探测器报警值宜为

300～500 mA。此值的规定是根据泄漏电流达到 300 mA 就可能引起火灾的特性，考虑到每个供电系统都存在自然泄漏电流，而且自然泄漏电流根据线路上负载的不同而有很大差别，一般可达 100～200 mA。可考虑剩余电流报警阈值随动技术软件应用，减少误报警。

9.4.3 测温式电气火灾监控探测器的设置

9.4.3.1 设置原则

根据对供电线路发生的火灾统计，在供电线路本身发生过负荷时，接头部位反应最强烈，因此保护供电线路过负荷时，应重点监控其接头部位的温度变化。故测温式电气火灾监控探测器应设置在电缆接头、端子、重点发热部件等部位。

设置位置为金属部分时，温度传感器应具有 3 000 V 以上耐压，并需要具有电力施工资质的单位和人员操作。若温度传感器设置在以上部位的绝缘部分，温度传感器应具有 1 500 V 以上耐压。

测温式电气火灾监控探测器设置在一级配电柜出线端，如图 9.11、图 9.12、图 9.13 所示。

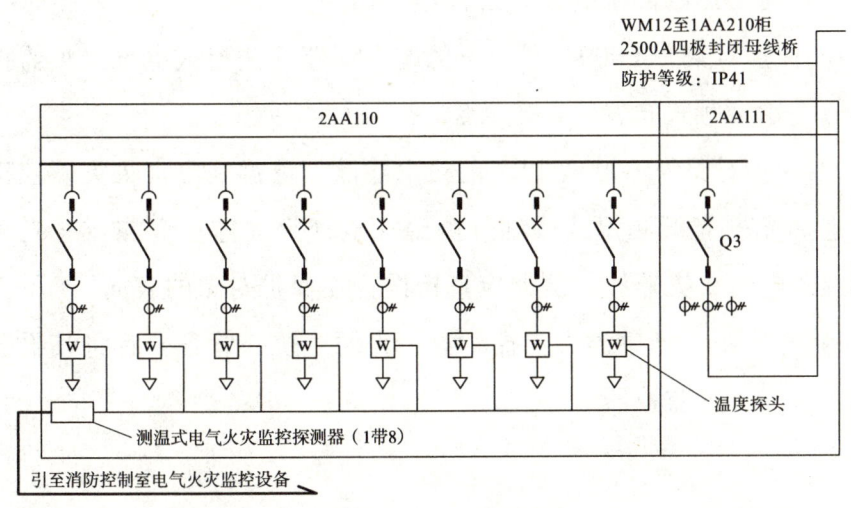

图 9.11 测温式电气火灾监控探测器设置在一级配电柜出线端Ⅰ

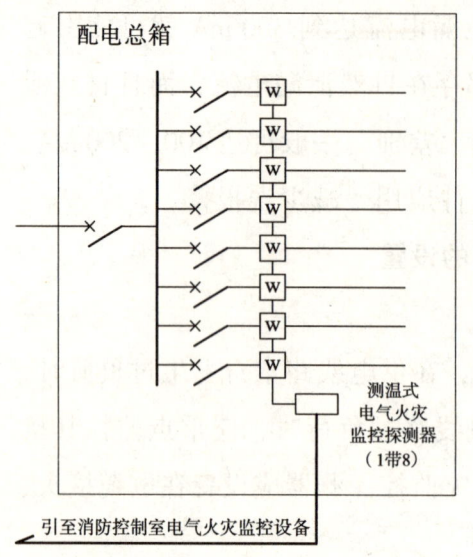

图 9.12 测温式电气火灾监控
探测器设置在一级配电箱出线端Ⅱ

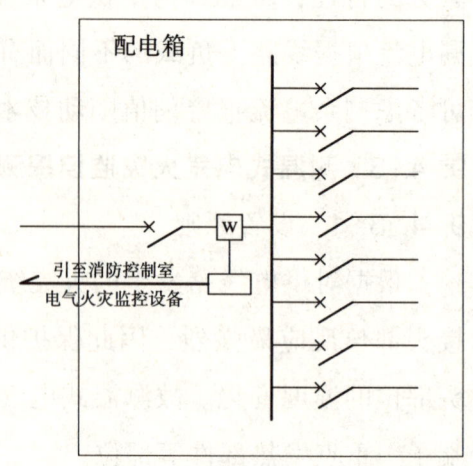

图 9.13 测温式电气火灾监控
探测器设置在下一级配电箱进线端Ⅲ

9.4.3.2 设计要求

测温式电气火灾监控探测器的探测原理是监测保护对象的温度变化,因此探测器应采用接触或贴近保护对象的电缆接头、电缆本体或开关等容易发热的部位的方式设置:

1) 保护对象为 1 000 V 及以下的配电线路,测温式电气火灾监控探测器应采用接触式布置。

2) 保护对象为 1 000 V 以上的供电线路,测温式电气火灾监控探测器宜选择光栅光纤测温式或红外测温式电气火灾监控探测器,光栅光纤测温式电气火灾监控探测器应直接设置在保护对象的表面。

3) 若采用线型感温火灾探测器,为便于统一管理,宜将其报警信号接入电气火灾监控器。

10 系统供电

消防工程是安全工程,而消防系统的供电设计与施工是楼宇消防工程中工作量较大、要求较高、牵涉面较广、关联度较强的环节,其重要性可谓牵一发而动全身。确保消防供电的可靠性,既要符合现行有关规范要求,又要以性能化建筑防火设计为准则,根据工程的具体实际,机动灵活,做到安全可靠、科学合理、经济实用。

10.1 一般规定

10.1.1 火灾自动报警系统的电源要求

火灾自动报警系统应设置交流电源和蓄电池备用电源。蓄电池备用电源主要用于停电条件下保证火灾自动报警系统的正常工作。

交流电源应采用消防电源,备用电源可采用火灾报警控制器和消防联动控制器自带的蓄电池电源或消防设备应急电源。当备用电源采用消防设备应急电源时,火灾报警控制器和消防联动控制器应采用单独的供电回路,并应保证在系统处于最大负载状态下不影响火灾报警控制器和消防联动控制器的正常工作。

剩余电流动作保护和过负荷保护装置一旦报警会自动切断电源,因此火灾自动报警系统主电源不应采用剩余电流动作保护和过负荷保护装置保护。

10.1.2 消防控制室图形显示装置、消防通信设备等的电源

消防控制室图形显示装置、消防通信设备等的电源，宜由 UPS 电源装置或消防设备应急电源供电。

消防控制室图形显示装置、消防通信设备等设备的电源切换不能影响消防控制室图形显示装置、消防通信设备的正常工作，因此电源装置的切换时间应该非常短，所以建议选择 UPS 电源装置或消防设备应急电源供电。

10.1.3 消防设备应急电源的容量和供电要求

消防设备应急电源输出功率应大于火灾自动报警及联动控制系统全负荷功率的 120%，蓄电池组的容量应保证火灾自动报警及联动控制系统在火灾状态同时工作负荷条件下连续工作 3 h 以上。

消防用电设备应采用专用的供电回路，其配电设备应设有明显标志，其配电线路和控制回路宜按防火分区划分。

由于消防用电及配线的重要性，故强调消防用电回路及配线应为专用，不应与其他用电设备合用。另外，消防配电及控制线路要求尽可能按防火分区的范围来配置，可提高消防线路的可靠性。

10.2 系统接地

10.2.1 设计要求

火灾自动报警系统接地装置的接地电阻值应符合：1) 采用共用接地装置时，接地电阻值不应大于 1 Ω；2) 采用专用接地装置时，接地电阻值不应大于 4 Ω。消防控制室内的电气和电子设备的金属外壳、机柜、机架、金属管、槽等，应采用等电位连接。由消防控制室接地板引至各消防电子设备的专用接地线应选用铜芯绝缘导线，其线芯截面面积不应小于 4 mm^2。消防控制室接地板与建筑接地体之间，应采用

线芯截面面积不小于 25 mm² 的铜芯绝缘导线连接。

10.2.2 设计提示

保护接地是为消除或减少发生接地故障时的电气事故，对电气装置的外露导电部分所做的接地。而等电位连接是为了达到电位相等或接近而进行的电气连接。

在 1998 版《火规》中消防电气、电子设备的金属外壳等要求作保护接地（5.7.5 条：消防电子设备凡采用交流供电时，设备金属外壳和金属支架等应作保护接地，接地线应与电器保护接地干线（PE 线）相连接）。而新《火规》规定采用等电位连接（10.2.3 条规定：消防控制室内的电气和电子设备的金属外壳、机柜、机架、金属管、槽等，应采用等电位连接），明确了等电位连接在保护人员和设备安全中的作用。

11 布　　线

火灾自动报警系统的布线包括供电线路、信号传输线路和控制线路，这些线路是火灾自动报警系统完成报警和控制功能的重要设施，特别是在火灾条件下，线路的可靠性是火灾自动报警系统能够保持长时间工作的先决条件。

11.1　一般规定

11.1.1　设计要求

1) 火灾自动报警系统的传输线路和 50 V 以下供电的控制线路，应采用电压等级不低于交流 300 / 500 V 的铜芯绝缘导线或铜芯电缆。采用交流 220 / 380 V 的供电和控制线路，应采用电压等级不低于交流 450 / 750 V 的铜芯绝缘导线或铜芯电缆。

2) 火灾自动报警系统传输线路的线芯截面选择，除应满足自动报警装置技术条件的要求外，还应满足机械强度的要求。铜芯绝缘导线和铜芯电缆线芯的最小截面面积，不应小于表 11.1 的规定。

实际工程应用选定的火灾自动报警系统的最大允许回路阻抗直接影响传输总线的传输距离，在具体的工程实例中应根据建筑平面图计算本系统中各回路最远点设备与控制器间的布线距离，根据系统的最大允许回路阻抗选取传输导线的最小截面。

表 11.1　铜芯绝缘导线和铜芯电缆线芯的最小截面

类　别	线芯的最小截面 / mm²
穿管敷设的绝缘导线	1.00
线槽内敷设的绝缘导线	0.75
多芯电缆	0.50

消防供电、控制、通信和警报线路，考虑到在大火燃烧阶段尚需维持其消防功能的作用，在线芯截面选择时，除了要满足负载电流（尤其要考虑设备的瞬态启动电流）的要求外，在作回路压降容许值验算时，应考虑到火灾过程中，由于温度上升而引起的导体电阻增加的因素，以免在紧急状态下影响消防设备的功能发挥。

3）考虑到保障系统运行的稳定性，火灾自动报警系统的供电线路和传输线路设置在室外时，应埋地敷设。

4）潮湿环境大大降低供电线路和传输线路的绝缘特性，直接影响系统运行的稳定性。因此，火灾自动报警系统的供电线路和传输线路设置在地（水）下隧道或湿度大于90％的场所时，线路及接线处应做防水处理，潮湿环境大大降低供电线路和传输线路的绝缘特性，直接影响系统运行的稳定性。

5）采用无线通信方式的系统设计，应符合：无线通信模块的设置间距不应大于额定通信距离的75％；无线通信模块应设置在明显部位，且应有明显标识。

11.1.2　系统导线的敷设方式

11.1.2.1　系统导线敷设的一般原则

1）在火灾自动报警系统中，任何用途的导线都不允许架空敷设。

2）屋内线路的布线设计，应掌握路线短捷，安全可靠，尽量减少与其他管线交叉跨越，避开环境条件恶劣场所，且便于施工维护等基本原则进行。

3) 系统布线应注意避开火灾时有可能形成"烟囱效应"的部位。

11.1.2.2 火灾自动报警系统的传输线路的敷设方式

火灾自动报警系统的传输线路应采用穿金属管、经阻燃处理的硬质塑料管或封闭式线槽保护方式布线。当采用硬质塑料管时,应经阻燃处理,其氧指数(oxygen index,OI,是指在规定的条件下,材料在氧氮混合气流中进行有焰燃烧所需的最低氧浓度,以氧所占的体积分数来表示。氧指数高表示材料不易燃烧,氧指数低表示材料容易燃烧,一般认为氧指数27属难燃材料)要求不小于30。如采用线槽配线,要求用封闭式防火线槽。如采用普通型线槽,其线槽内的电缆为干线系统时,此电缆宜选用防火型电缆。

11.1.2.3 消防电源、控制、通信和警报线路的敷设方式

消防控制、通信和警报线路与火灾自动报警传输线路相比较更加重要,为发挥其功能,在火灾发生后要求在一定时间内,线路不被烧毁,仍能正常工作。因此这部分的穿线导管的选择要求更高,只有在暗敷时才允许采用经阻燃处理的硬质塑料管,其他情况下只能采用金属管或金属线槽。而且对线路的耐火、耐热都提出了更高的要求,即消防控制、通信和警报线路采用乙烯树脂导线时,导线应穿入金属管内保护,并应敷设在非燃烧体的结构层内(主要指混凝土层内),其保护层厚度不宜小于30 mm。管线在混凝土内可以起到保护作用,防止火灾发生时消防控制、通信和警报线路中断,使灭火工作无法进行,造成更大的经济损失。当土建条件难以满足这一要求时,可以采用明敷,但要求金属管或金属线槽上采取防火保护措施。从目前情况来看,主要的防火措施就是在金属管或金属线槽的表面涂防火涂料。

11.1.2.4 系统导线的布线要求

1）在设计系统布线时，应充分了解所选产品的布线要求，结合建筑防火分区和房间特征与布局以及探测器设置部位，做到合理布线。

2）导线的连接必须做到十分可靠，一般应经过接线端子连接，目前施工中压接技术已被广泛应用，采用压接可以提高系统运行的可靠性，因此接线端子宜选择压接或带锡焊接点的端子板，其接线端子上应有相应的标号。

3）除探测信号传输线路可以按普通布线施工外，对消防控制、通信和警报线路都应有防火、耐热处理要求（或采用耐火、耐热导线），当系统为同一回路或通道时，线路的布线以满足较高要求的条件处理。

4）不同系统、不同电压、不同电流类别的线路，不应穿于同一根管内或线槽的同一槽孔内。其中火灾报警控制器的报警总线、消防电话传输线和消防广播线由于电压和电流等级和类别都不相同，因此不应穿于同一管或同一槽孔。在管内或线槽内，导线中间不得有接头，在线盒内导线的接头或分支处，应加锡焊。

5）为防止强电系统对弱电系统火灾自动报警设备的干扰，火灾自动报警系统的电缆与高压电力电缆不宜同竖井敷设。如条件限制必须合用时，两种电缆应分别布置在竖井的两侧。

6）为防止火灾自动报警系统的线路被老鼠等动物咬断，从接线盒、线槽等处引到探测器底座盒、控制设备盒、扬声器箱的线路均应加金属软管保护。

7）为便于接线盒维修，火灾探测器的传输线路宜选择不同颜色的绝缘导线或电缆。

8）火灾自动报警系统的传输网络不应与其他系统的传输网络

合用。

9) 管内导线的根数，不作具体规定，暗敷时，以管径的大小不影响混凝土楼板的强度为准。穿管敷设的绝缘导线或电缆的总截面积，不应超过管内截面积的40%。敷设于封闭式线槽内的绝缘导线或电缆的总截面积，不应大于线槽净截面积的50%。

11.2 室内布线

1) 火灾自动报警系统的传输线路穿线导管与低压配电系统的穿线导管相同，应采用金属管、可挠（金属）电气导管、B_1级以上的钢性塑料管（符合GB/T 5169.14—2007《电工电子产品着火危险试验 第14部分：试验火焰 1kW标称预混合型火焰 设备、确认试验方法和导则》规定的燃烧试验要求）或封闭式线槽保护，敷设方式为暗敷或明敷。

2) 火灾自动报警系统的供电线路、消防联动控制线路应采用耐火铜芯电线电缆（具有规定的耐火性能，如线路完整性、烟密度、烟气毒性、耐腐蚀性），报警总线、消防应急广播和消防专用电话等传输线路应采用阻燃或阻燃耐火电线电缆（具有规定的阻燃性能，如阻燃特性、烟密度、烟气毒性、耐腐蚀性）。由于火灾自动报警系统的供电线路、消防联动控制线路需要在火灾时继续工作，应具有相应的耐火性能，因此此类线路应采用耐火类铜芯绝缘导线或电缆。对于其他传输线路等，要求采用阻燃型或阻燃耐火电线电缆，以避免其在火灾中发生延燃。

3) 由于火灾自动报警系统线路的相对重要性，对其穿线导管选择要求较高，线路暗敷设时，宜采用金属管、可挠（金属）电气导管或B_1级以上的刚性塑料管保护，并应敷设在不燃烧体的结构层内，且保护层厚度不宜小于 30 mm（混凝土可对管线起保护作用，能防止火灾发生时消防控制、通信和警报、传输线路中断）；线路明敷设时，应采用金属管、可挠（金属）电气导管或金属封闭线槽保护。矿物绝缘类不燃性电缆可明敷。

4）为了防止强电系统对属弱电系统的火灾自动报警设备的干扰，火灾自动报警系统用的电缆竖井宜与电力、照明用的低压配电线路电缆竖井分别设置。如受条件限制必须合用时，应将火灾自动报警系统用的电缆和电力、照明用的低压配电线路电缆分别布置在竖井的两侧。

5）不同电压等级的线缆不应穿入同一根保护管内，当合用同一线槽时，线槽内应有隔板分隔。

6）为便于维护和管理，采用穿管水平敷设时，除报警总线外，不同防火分区的线路不应穿入同一根管内。

7）考虑到线路敷设的安全性，不穿管的线路易遭损坏，从接线盒、线槽等处引到探测器底座盒、控制设备盒、扬声器箱的线路，均应加金属保护管保护。

8）为便于接线和维修，火灾探测器的传输线路宜选择不同颜色的绝缘导线或电缆。正极"+"线应为红色，负极"-"线应为蓝色或黑色。同一工程中相同用途导线的颜色应一致，接线端子应有标号。

12 典型场所的火灾自动报警系统

12.1 道路隧道

12.1.1 不同类别道路隧道火灾探测器的选型原则

城市道路隧道、特长双向公路隧道和道路中的水底隧道等车流量都比较大，疏散与救援都比较困难，这些场所一旦发生火灾，若没有及时报警并采取措施，很容易造成大量车辆涌进隧道，无法疏散的局面。因此，应同时采用线型光纤感温火灾探测器和点型红外火焰探测器（或图像型火灾探测器）两种及以上火灾参数的探测器，有助于尽早发现火灾；其他类型的公路隧道内由于车流量不大，只要在发生火灾时有相应措施警告其他车辆不再继续进入隧道，并能及时通知消防队即可，故应采用线型光纤感温火灾探测器或点型红外火焰探测器。这样既能达到使用效果，也能节约资金。

根据实体试验结果和对隧道火灾成功探测的统计结果，线型光栅光纤感温火灾探测器在隧道中虽然报警时间不是最早，但没有漏报。自从线型光栅光纤感温火灾探测器在隧道中安装使用后，有几条隧道发生了火灾，探测器都及时发出了报警信号。选择点型火焰探测器时，考虑到探测器受污染后响应灵敏度的降低，在设计时，探测器的保护距离宜不大于探测器标称距离的80%,并应在设计文件中标注维护要求。

12.1.2 火灾探测器的安装

根据实体试验结果和实际安装并有效报警的使用结果,线型光纤感温火灾探测器应设置在车道顶部距顶棚100～200 mm,线型光栅光纤感温火灾探测器的光栅间距不应大于10 m;每根分布式线型光纤感温火灾探测器和线型光栅光纤感温火灾探测器保护车道的数量不应超过2条;点型红外火焰探测器或图像型火灾探测器应设置在行车道侧面墙上,距行车道地面高度2.7～3.5 m,并应保证无探测盲区;在行车道两侧设置时,探测器应交错设置。

12.1.3 报警电话、手动火灾报警按钮和声光警报器的设置

隧道出入口以及隧道内每隔200 m应设置报警电话,每隔50 m应设置手动火灾报警按钮和用于警告进入隧道的其他车辆的闪烁红光的火灾声光警报器。隧道入口前方50～250 m内应设置指示隧道内发生火灾的声光警报装置,用于提前警告准备进入隧道的车辆不要进入隧道,红光最醒目。

12.1.4 电缆通道、配电线路火灾探测器的选择

隧道用电缆通道宜设置线型感温火灾探测器,有利于电缆火灾的及时发现;主要设备用房内的配电线路应设置电气火灾监控探测器,其中的泄漏电流探测器用于电缆线路老化或破损探测,测温式探测器用于过载而导致电缆接头过热的温度探测。

12.1.5 设备合用时的要求

消防应急广播可与隧道内设置的有线广播合用,其设置应符合新《火规》第6.6节的规定;消防专用电话可与隧道内设置的紧急电话合用,其设置应符合新《火规》第6.7节的规定;消防联动控制器应能手动控制与正常通风合用的排烟风机。

12.1.6 消防设备的保护等级

隧道内的工作环境比较复杂，如温度、湿度、粉尘、汽车尾气、射流风机产生的高速气流、照明、四季天气变换等因素均会影响隧道内设置的消防设备的稳定运行，为避免湿度、粉尘及汽车尾气等因素对消防设备运行稳定性的影响，隧道内设置的消防设备的防护等级不应低于IP65。

12.1.7 其他要求

1）火灾自动报警系统需联动消防设施时，其报警区域长度不宜大于150 m。此长度与隧道内设置的消火栓、自动灭火等设施设置的规定一致，有利于自动灭火系统确定其防护范围。

2）隧道中设置的火灾自动报警系统宜联动隧道中设置的视频监视系统确认火灾。隧道内一般设置有视频监视系统，当火灾自动报警系统报警后可联动切换视频监视系统的监视画面至报警区域，从而确认现场情况。

3）隧道运营一般由隧道中央控制室集中管理，火灾自动报警系统在确认火灾后，应将火灾报警信号传输给隧道中央控制管理设备，由中央控制室作出相应的应急处理。

12.2 油罐区

1）外浮顶油罐宜采用线型光纤感温火灾探测器，一个油罐可以采用多支探测器保护，但是一支探测器不能同时保护两个及以上的油罐，且每只线型光纤感温火灾探测器应只能保护一个油罐；并应设置在浮盘的堰板上。

2）除浮顶和卧式油罐外的其他油罐罐内基本属于封闭空间，火焰探测器可以及时、准确地探测到火灾，故宜采用火焰探测器。

3) 采用光栅光纤感温火灾探测器保护外浮顶油罐时,两个相邻光栅间距离不应大于 3 m。

4) 油罐区可在高架杆等高位处设置点型红外火焰探测器或图像型火灾探测器做辅助探测。

5) 油罐区内的火灾报警信号宜直接联动报警区域内的工业视频装置,有利于确认火灾。

12.3　电缆隧道

1) 隧道外的电缆接头、端子等一般都集中设置在配电柜或端子箱中,这些部位都是易发热的部位,应设置测温式电气火灾监控探测器,探测器的设置应符合新《火规》第 9 章的有关规定。根据对电缆火灾的统计、分析和试验,电缆本身引起的火灾主要发生在电缆接头和端子等部位,因此监视这些部位的温度变化是最科学的,也是最经济的。除隧道内所有电缆的燃烧性能均为 A 级外,隧道内应沿电缆设置线型感温火灾探测器,除用于电缆本身火灾探测外,更主要的是用于外火进入电缆隧道的探测。线型感温火灾探测器都有有效探测长度,保护隧道内的电缆接头、端子等发热部位应保证有效探测长度。线型感温火灾探测器在用于电缆火灾探测时,属于电气火灾监控系统中的一种探测器,隧道内设置的线型感温火灾探测器可接入电气火灾监控器。

2) 无外部火源进入的电缆隧道应在电缆层上表面设置线型感温火灾探测器;有外部火源进入可能的电缆隧道在电缆层上表面和隧道顶部,均应设置线型感温火灾探测器。

根据火灾案例统计分析和在电缆隧道中火灾实体试验,外火进入电缆沟道的地面时,敷设在电缆层上的线型感温火灾探测器并不能及时响应，因此应该在隧道顶部设置线型感温火灾探测器。电缆本身发热或外火直接落在电缆层上时，只有采用接触式设置在电缆层上表面的线型感温火灾探测器才能及时响应。

3）线型感温火灾探测器采用"S"形布置或有外部火源进入可能的电缆隧道内，应采用能响应火焰规模不大于100 mm的线型感温火灾探测器。线型感温火灾探测器应采用接触式的敷设方式对隧道内的所有动力电缆进行探测；缆式线型感温火灾探测器应采用"S"形布置在每层电缆的上表面，线型光纤感温火灾探测器应采用一根感温光缆保护一根动力电缆的方式，并应沿动力电缆敷设。以上是在电缆隧道中火灾实体试验基础上作出的规定，只有达到此要求，线型感温火灾探测器才能及时响应。

4）分布式线型光纤感温火灾探测器在电缆接头、端子等发热部位敷设时，为了保证可靠探测，其感温光缆的延展长度不应少于探测单元长度的1.5倍；线型光栅光纤感温火灾探测器在电缆接头、端子等发热部位应设置感温光栅。

5）其他隧道内设置动力电缆时，除隧道顶部可不设置线型感温火灾探测器外，探测器设置均应符合新《火规》的规定。

12.4　高度大于12 m的空间场所

1）高度大于12 m的空间场所宜同时选择两种以上火灾参数的火灾探测器。

2）火灾初期产生大量烟的场所，应选择线型光束感烟火灾探测器、管路吸气式感烟火灾探测器或图像型感烟火灾探测器。

3）考虑到建筑高度超过12 m的高大空间场所建筑结构的特点及在发生火灾时火源位置、类型、功率等因素的不确定性，在设置线型光束感烟火灾探测器时，除按规定设置在建筑顶部外，还应在下部空间增设探测器，采用分层组网的探测方式。

火灾实体试验结果表明，对于建筑内初期的阴燃火，在建筑高度不超过 16 m 时，烟气在 6～7 m 处开始出现分层现象，因此要求在 6～7 m 处增设探测器以对火灾作出快速响应；在建筑高度超过 16 m 但不超过 26 m 时，烟气在 6～7 m 处开始出现第一次分层现象，上升至 11～12 m 处开始出现第二次分层现象，因此宜在 6～7 m 处和 11～12 m 处各增设一层探测器；在开窗或通风空调形成的对流层为 7～13 m 时，烟气会在该对流层下 1 m 左右产生横向扩散，因此在设计中应综合考虑烟气分层高度和对流层高度，可将增设的一层探测器设置在对流层下面 1 m 处。分层设置的探测器保护面积可按常规计算，并宜与下层探测器交错布置。

4）管路吸气式感烟火灾探测器的设置应符合：探测器的采样管宜采用水平和垂直结合的布管方式，并应保证至少有两个采样孔在 16 m 以下，并宜有 2 个采样孔设置在开窗或通风空调对流层下面 1 m 处；可在回风口处设置起辅助报警作用的采样孔。

建筑高度大于 16 m 的场所，一些阴燃火很难快速上升到屋顶位置，下垂管在 16 m 以下的采样孔会比水平管更快地探测到火灾。开窗或通风空调对流层影响烟雾的向上运动，使其不能上升到屋顶位置，下垂管的采样孔宜有 2 个采样孔设置在开窗或通风空调对流层下面 1 m 处，在回风口处设置起辅助报警作用的采样孔，有利于火灾的早期探测。

5）火灾初期产生少量烟和明显火焰的场所，应选择 1 级灵敏度的点型红外火焰探测器或图像型火焰探测器，并应降低探测器设置高度。

6) 高度大于 12 m 的空间场所最大的火灾隐患就是电气火灾，因此此类场所电气线路应设置电气火灾监控探测器。而照明线路故障引起的火灾占电气火灾的 10% 左右，此类建筑的顶部较高，发生火灾不容易被发现，也没法在其上面设置其他探测器，只有设置具有探测故障电弧功能的电气火灾监控探测器，才能保证对照明线路故障引起的火灾的有效探测，因此照明线路上应设置具有探测故障电弧功能的电气火灾监控探测器。

附录 火灾自动报警系统主要产品简介

火灾自动报警系统主要包含以下产品：

1) 点型感烟火灾探测器产品；
2) 点型感温火灾探测器产品；
3) 火灾报警控制器产品；
4) 消防联动控制器产品；
5) 气体灭火控制器产品；
6) 消防电气控制装置产品；
7) 消防设备应急电源产品；
8) 消防应急广播设备产品；
9) 消防电话产品；
10) 传输设备产品；
11) 消防控制室图形显示装置产品；
12) 模块产品；
13) 消防电动装置产品；
14) 消火栓按钮产品；
15) 手动火灾报警按钮产品；
16) 独立式感烟火灾探测报警器产品；
17) 火灾显示盘产品；
18) 线型光束感烟火灾探测器产品；
19) 点型紫外火焰探测器产品；
20) 点型红外火焰探测器产品；

21) 火灾声和/或光警报器产品；

22) 防火卷帘控制器产品；

23) 电气火灾监控设备产品；

24) 剩余电流式电气火灾监控探测器产品；

25) 测温式电气火灾监控探测器产品；

26) 吸气式感烟火灾探测器产品；

27) 图像型火灾探测器产品；

28) 点型一氧化碳火灾探测器产品；

29) 线型感温火灾探测器产品；

30) 线型光纤感温火灾探测器产品；

31) 可燃气体报警控制器产品；

32) 测量范围为 0～100% LEL 的点型可燃气体探测器产品；

33) 测量范围为 0～100% LEL 的独立式可燃气体探测器产品；

34) 测量范围为 0～100% LEL 的便携式可燃气体探测器产品；

35) 测量人工煤气的点型可燃气体探测器产品；

36) 测量人工煤气的独立式可燃气体探测器产品；

37) 测量人工煤气的便携式可燃气体探测器产品；

38) 消防设备电源监控系统产品。

（一）点型感烟火灾探测器

简　介

　　点型感烟火灾探测器对"烟"有很好的"嗅觉"。它会不断地监视环境中烟的浓度，当烟的浓度以及浓度的变化符合火灾的判定，就会报警。感烟探测器是实现火灾早期报警的较理想的手段。点型感烟火灾探测器分为离子感烟火灾探测器和光电感烟火灾探测器。

　　点型离子感烟火灾探测器是一种应用烟雾粒子改变电离室电离电流原理的感烟火灾探测器。它是通过一个相当于烟敏电阻的电离室的电压变化来感知火灾发生。

它对灰烟、黑烟以及各种粒径的烟具有较平衡的探测性能。探测器的电离室有两种类型：双源双室和单源双室，目前以单源双室居多。两种类型的电离室都是串联工作。点型离子感烟火灾探测器使用了放射性物质（常用镅241），由于辐射剂量很小，在正常使用时不会对环境和人体造成危害。但是在离子感烟探测器的生产、储运和报废处理过程中需要采取相应的防辐射措施，以保证人员安全和环境不受污染。

点型光电感烟火灾探测器是利用火灾烟雾对光产生吸收和散射作用来探测火灾的一种火灾探测器。光电感烟火灾探测器没有放射性污染问题，易生产，成本低，是目前应用最为广泛的感烟火灾探测器。点型光电感烟火灾探测器对于燃烧产生的黑烟响应灵敏度比较低，这是由于黑烟对光具有较强的吸收能力。随着对烟雾粒子与光的相互作用研究的不断深入，已经有多种办法可以解决这个问题。

典型产品图片

产品标准

GB 4715—2005《点型感烟火灾探测器》。

（二）点型感温火灾探测器

简 介

点型感温火灾探测器对温度有很好的"嗅觉"，包括对温度的突然升高，以及温度的异常，它会及时发现并报警。感温探测器一般是安装在屋顶，而发生火灾后室内的温度是缓慢上升的，感温火灾探测器报警的时候说明火势已经比较大了，因此，它的使用就有一定的局限性。

点型感温火灾探测器的本质是对一个小型传感器附近的异常温度、升温速率以及温度变化响应的火灾探测器，它主要采用电子感温元件作为温度传感器使用，包括热敏电阻和半导体P—N结，具有响应速度快、灵敏度高、尺寸小等优点。

典型产品图片

产品标准

GB 4716—2005《点型感温火灾探测器》。

(三) 点型复合式感烟感温火灾探测器

简 介

点型复合式感烟感温火灾探测器是将点型感烟火灾探测器和点型感温火灾探测器两种探测原理应用在同一探测器中的探测器。探测器可以同时监视烟雾和温度参数,其中任意一项参数发生异常都会迅速响应,并可以根据烟和温度两种参数的变化综合判断,因此可靠性较高。

典型产品图片

产品标准

GB 4716—2005《点型感温火灾探测器》、GB 4715—2005《点型感烟火灾探测器》。

(四) 点型红外火焰探测器

简 介

点型红外火焰探测器是对火灾发出的火焰光辐射红外波段响应的探测器。因为光辐射的传播速度极快，因此，这种探测器对快速发生的火灾（尤其是可燃溶液和液体火灾）或爆炸能够及时响应，是对这类火灾早期通报火警的理想探测器。

响应火灾发出的波长高于 700 nm 波段电磁辐射的探测器称为红外火焰探测器。红外火焰探测器根据工作波段数量的不同分为单波段、双波段和多波段 3 种，单波段探测器的火焰波段正好位于 4.2 μm 附近，并留有一定的余量；双波段探测器组成是在单波段的基础上，增加了背景光探测波段；多波段探测器是根据热体干扰和火焰中含有的红外射线的特性，用 3 个或 3 个以上的红外传感器来识别火焰情况，只有各个传感器信号与预先定义的红外波长的数据一致时，探测器才报警。这可以确保探测器能在较快的响应时间内完成火焰探测。

典型产品图片

产品标准

GB 15631—2008《特种火灾探测器》。

（五）点型紫外火焰探测器

简　介

点型紫外火焰探测器是对火灾发出的火焰光辐射紫外波段响应的探测器。因为光辐射的传播速度极快，因此，这种探测器对快速发生的火灾（尤其是可燃溶液和液体火灾）或爆炸能够及时响应，是对这类火灾早期通报火警的理想探测器。

点型紫外火焰探测器响应波长为 160～300 nm 之间的紫外光，火焰产生的紫外辐射是很微弱的，所以要求探测器具有较高的灵敏度；灵敏度过高又极易受到电弧焊、闪电等紫外辐射的影响引起误报，透镜上沉积的油污会降低响应能力，水蒸气、烟雾也会使火焰的紫外辐射信号衰减。

典型产品图片

产品标准

GB 12791—2006《点型紫外火焰探测器》。

（六）点型复合式红外紫外火焰探测器

简　介

　　点型复合式红外紫外火焰探测器运用先进的多红外传感技术和红紫外复合探测技术，采用三通道火焰传感器设计，其中一个通道使用太阳光盲波段的紫外火焰传感器，另外两个通道使用工作在不同波长的窄带红外传感器，一只传感器工作在特定的火焰辐射中心频段上，作为红外火焰监测主传感器，另一只传感器用于消除监测环境中非火焰信息对主红外火焰传感器的影响，并为主传感器提供可靠的检测基准。

　　点型复合式红外紫外火焰探测器能够对日光、闪电、电焊、人工光源、环境（人等）、热辐射、电磁干扰、机械振动等干扰有很好的抑制，从而实现对火焰信号的快速响应和准确识别。探测器采用非接触式探测，灵敏度现场可调，提供无源接点、标准电流输出和总线接口与火灾报警系统相连接。

　　点型复合式红外紫外火焰探测器适用于无烟液体和气体火灾、产生烟的明火以及产生爆燃的场所，如航天工业、飞机库、飞机修理场、化学工业、公路隧道、弹药和爆炸品仓库、油漆工厂、石油化工企业、制药企业、发电站、印刷企业、易燃材料仓库等，以及存在可燃物、含碳物质的其他场合。

典型产品图片

产品标准

GB 15631—2008《特种火灾探测器》、GB 12791—2006《点型紫外火焰探测器》。

(七) 线型光束感烟火灾探测器

简 介

线型光束感烟火灾探测器是应用光束被烟雾粒子吸收而减弱的原理的线型感烟火灾探测器,探测器通常由发射器和接收器两部分组成。适合无遮挡大空间或有特殊要求的场所。通常分为对射式和反射式两种。这种感烟火灾探测器能够对被保护区域内光束通路周围的烟参数响应。其特点是监视范围广,保护面积大,通常安装于跨度大、举架高的建筑场所,如航站楼、展览大厅、飞机库、影剧院、大型体育场馆等。

其工作原理为发射器利用红外发光二极管(或激光二极管)发光,经过凸透镜形成近似平行的光束,穿过被保护区域,直接射向或者反射给接收器。接收器中的接收元件接收该光束,并将其转换为电信号,通过滤波、放大电路,经 A/D 采样后进入 CPU 进行信号处理,利用算法判断火警或故障。

典型产品图片

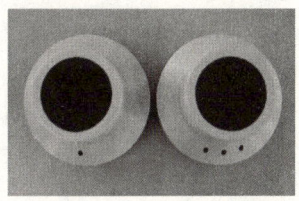

发射和接收分体(对射型)　　发射和接收一体(反射型)

产品标准

GB 14003—2005《线型光束感烟火灾探测器》。

(八) 吸气式感烟火灾探测器

简 介

吸气式感烟火灾探测器采用管路吸气方式对空气进行采样,快速、动态地识别和判断烟粒子，从而探测火灾。

吸气式感烟火灾探测器利用气泵使环境中的空气通过抽样孔采集空气样本，在管网中形成了一个稳定的气流，进入空气采样管网后到达探测器的气流控制机构。空气样本通过过滤器滤掉大粒径粒子，然后进入测量室。普通灵敏度的吸气式感烟火灾探测器一般是在吸气管道中加装普通点型感烟火灾探测器或采用相似的传感器作为烟粒子探测器，其烟雾探测原理与普通点型感烟火灾探测器大体相同。该类探测器对火灾在酝酿阶段固体受热升华产生的微小烟雾颗粒较为敏感，可以在肉眼看不见烟雾的阶段发出预警信号，因此灵敏度比较高。

典型产品图片

产品标准

GB 15631—2008《特种火灾探测器》。

（九）手动火灾报警按钮

简　介

手动火灾报警按钮是火灾自动报警系统中不可缺少的一种手动触发器件，它通过人手动操作报警按钮的启动机构向火灾报警控制器发出火灾报警信号。

初期的火灾自动报警系统一般采用多线制，手动火灾报警按钮一般仅具有外壳、触点、确认灯和启动机构等部件，相当于机械开关。随着火灾探测报警技术的发展，大部分火灾报警控制器已发展为总线制，所以手动火灾报警按钮也发展为具有控制电路，包括地址编码功能和与火灾报警控制器通信功能。

手动火灾报警按钮一般安装在工业与民用建筑物的走廊、楼梯口、楼梯过道或经常有人出入的场所，作为火灾自动报警系统中的一种辅助报警设备。

典型产品图片

产品标准

GB 19880—2005《手动火灾报警按钮》。

（十）独立式感烟火灾探测报警器

简　介

独立式感烟火灾探测报警器对"烟"有很好的"嗅觉"。它会不断地监视环境中烟的浓度，当烟的浓度以及浓度的变化符合它对火灾的判定，就会报警。它的探测原理与点型感烟火灾探测器相同，但是它自己独立工作，一般采用干电池作为电源，自带蜂鸣器，报警时自己能发出声光报警信号，主要用于家庭住宅的火灾探测和报警。

典型产品图片

产品标准

GB 20517—2006《独立式感烟火灾探测报警器》。

（十一）图像型火灾探测器产品

简　介

图像型火灾探测器是指使用摄像机、红外热成像器件等视频设备（单独或组合方式）获取监控现场视频信息，进行火灾探测的火灾探测器。图像型火灾探测器可分为感烟型、感火焰型两种。

图像火灾探测器一般由摄像机、视频采集并行处理器、信息处理主机（高性能计算机）组成。图像火灾探测器将火灾的燃烧产生的烟、火焰等现象以视频图像信号的形式通过视频采集并行处理器传送至信息处理主机，信息处理主机利用先进的图像处理技术、广角探测和特殊的抗干扰算法，利用火灾时燃烧过程中的光谱特性、色度特性、纹理特性、运动特性以及频谱特性，使其模型化、工程化，形成计算机可识别的火灾模式，从而识别火灾信息，完成火灾探测和报警的功能。

典型产品图片

产品标准

GB 15631—2008《特种火灾探测器》。

（十二）点型一氧化碳火灾探测器

简　介

一氧化碳火灾探测器对一氧化碳有很好的"嗅觉"。它会不断地监视环境中一氧化碳的浓度，当一氧化碳的浓度以及浓度的变化符合它对火灾的判定，就会报警。一氧化碳探测器是实现火灾早期报警的较理想的手段。与火灾报警控制器连成系统使用的为系统式；自带电源和蜂鸣器，独立使用的为独立式。

典型产品图片

　　　　系统式　　　　　　　　独立式

产品标准

GB 15631—2008《特种火灾探测器》。

（十三）线型感温火灾探测器

简　介

线型感温火灾探测器是对被保护区域内某一连续线路周围的温度突然升高或者温度异常响应的火灾探测器。一般由敏感元件和与其相连的转换盒等部分组成，多用来保护电缆桥架、公路隧道和各种工业设备。

缆式线型感温火灾探测器是以感温电缆为敏感元件，一般用2根或多根涂有热敏绝缘材料的导线绞结在一起，或是同心电缆（2根导线），电缆中的导线用热敏绝缘材料隔离开来；空气管式线型感温火灾探测器是以空气管为敏感元件，由空气管和转换电路组成，空气管采用细铜管或不锈钢管制成，与压力传感器（或膜盒）连接。

典型产品图片

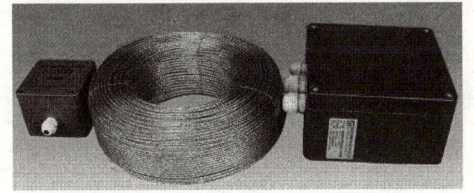

产品标准

GB 16280—2005《线型感温火灾探测器》。

（十四）线型光纤感温火灾探测器

简　介

线型光纤感温火灾探测器是一种应用光纤（光缆）作为温度传感器和信号传输通道的线型感温火灾探测器，适用于地下建筑及大空间建筑，诸如地下商业街、地铁站道、隧道和大型货物仓库，以及油罐、大型变压器等易燃、易爆或有强电磁干扰的场所。

线型光纤感温火灾探测器主要分为线型光纤感温火灾探测器和光纤光栅感温火灾探测器。线型光纤感温火灾探测器主要由线型光纤感温火灾探测主机、感温光纤、监测软件以及光纤连接器件构成。光纤光栅感温火灾探测器主要由光纤光栅探头、连接光缆、信号处理器以及控制计算机组成。主机用于光电信号处理及数据显示等,主要功能是实现信号的发射、接收、滤波、放大和信息处理、数据分析、软件处理及数据显示等。感温光纤既是信号的传输通道,又是温度传感器,主要由高纯度的绝缘材料石英制成,具有不受电场或强磁诱导的优异性能,能在各种恶劣的环境下工作。监控软件安装于测温主机内,实现系统的控制、信号处理、显示、储存和打印及外部其他扩展功能。

典型产品图片

产品标准

GB/T 21197—2007《线型光纤感温火灾探测器》。

(十五)可燃气体探测器

简 介

可燃气体探测器是探测空气中可燃性气体浓度的一种探测装置。能够探测到容易着火和爆炸的气体,比如甲烷、丙烷以及老百姓日常生活使用的液化气和煤气,这些气体达到一定浓度时,一旦遇到火星就会发生爆炸,给人们生命和财产带来毁灭性的伤害。因此,可燃气体探测器经常安装在运输、使用这些可燃气体的场所,一旦嗅到空气中有这类气体存在,就会发出报警,提醒人们马上进行管道检查和通风,防止发生火灾。

可燃气体探测报警设备是用于易燃易爆场所可燃气体探测和报警的一种安全产

品。现有可燃气体探测器产品主要有7个品种,即
- 测量范围为 0~100% LEL 的点型可燃气体探测器;
- 测量范围为 0~100% LEL 的独立式可燃气体探测器;
- 测量范围为 0~100% LEL 的便携式可燃气体探测器;
- 测量人工煤气的点型可燃气体探测器;
- 测量人工煤气的独立式可燃气体探测器;
- 测量人工煤气的便携式可燃气体探测器;
- 线型可燃气体探测器。

上述7种可燃气体探测器主要分为以下几种类型:
- 按防爆要求,可分为防爆型和非防爆型;
- 按使用方式,可分为固定式和便携式;
- 按分布特点,可分为点型和线型。

点型可燃气体探测器是利用可燃性气体对探测器气敏传感器发生某种作用而引起其特性改变的原理制造。主要用于易燃易爆场合的可燃性气体探测,把现场可能泄漏的可燃气体的浓度控制在报警设定值以下,例如爆炸下限(LEL)的50%(高限报警设定值)以下,当超过这一浓度时,发出报警信号,以便采取应急措施。

- 测量范围为 0~100% LEL 的点型可燃气体探测器,要与可燃气体报警控制器配接使用,探测器安装在被监视场所,控制器安装在安全区的值班室。
- 测量范围为 0~100% LEL 的独立式可燃气体探测器,是指通常使用市电 220 V 供电,能独立完成探测报警功能的可燃气体探测器。
- 测量范围为 0~100% LEL 的便携式可燃气体探测器,为可随身携带的探测报警器,一般由自身所配备的电池供电。
- 用于探测人工煤气的可燃气体探测器的测量参数都是以体积分数 $\times 10^{-6}$ 为单位。这3种探测器目前都是用于测量主要成分为氢气和一氧化碳的人工煤气。由于一氧化碳是一种剧毒气体,对人的危害很大,在其浓度远未达到爆炸下限时就会对人的生命安全构成威胁,所以其报警设定值很小。由于氢气和一氧化碳在人工煤气中是以一定比例存在的,所以氢气的报警设定值也很小。

线型可燃气体探测器一般是由发射器、接收器和报警中继器3部分组成,由于

该探测器对于大气介质的能见度和露天环境具有较强的适应性，所以特别适合于室外开放空间场所的可燃气体探测报警。

典型产品图片

 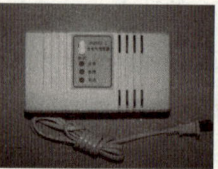 

      点型   独立式   便携式

产品标准

GB 15322.1—2003《可燃气体探测器 第1部分：测量范围为0～100% LEL的点型可燃气体探测器》、GB 15322.2—2003《可燃气体探测器 第2部分：测量范围为0～100% LEL的独立式可燃气体探测器》、GB 15322.3—2003《可燃气体探测器 第3部分：测量范围为0～100% LEL的便携式可燃气体探测器》、GB 15322.4—2003《可燃气体探测器 第4部分：测量人工煤气的点型可燃气体探测器》、GB 15322.5—2003《可燃气体探测器 第5部分：测量人工煤气的独立式可燃气体探测器》、GB 15322.6—2003《可燃气体探测器 第6部分：测量人工煤气的便携式可燃气体探测器》、GB 15322.7—2003《可燃气体探测器 第7部分：线型可燃气体探测器》。

（十六）可燃气体报警控制器

简　介

可燃气体报警控制器与点型可燃气体探测器连接组成可燃气体报警系统，能够接收来自点型可燃气体探测器的报警信号和故障信号，同时完成相应的显示和控制功能。

可燃气体报警控制器是可燃气体探测报警设备的基本组件之一，主要用于为所连接的可燃气体探测器供电、显示可燃气体浓度及接收和处理可燃气体探测器发出的报警信号，发出声光报警或故障信号；同时也是监管人员与可燃气体探测报警设备进行人机交互的重要设备。

典型产品图片

产品标准

GB 16808—2008《可燃气体报警控制器》。

（十七）剩余电流式电气火灾探测器

简 介

剩余电流式电气火灾探测器是专门针对电气火灾而研制的探测器，它是由以前的防火漏电电流动作报警器（俗称漏电保护器）演变而来的。它能够监视电气线路中的漏电流这个易引发电气火灾的参数，当剩余电流过大时及时报警。

按照工作方式可分为独立式（具有监控报警功能）和非独立式（与电气火灾监控设备组成系统使用）。

其工作原理为互感器将被探测电路的电流、电压变化转换为电信号，通过滤波、放大电路，经 A/D 采样后进入 CPU 进行信号处理，通过算法判断报警或故障。

典型产品图片

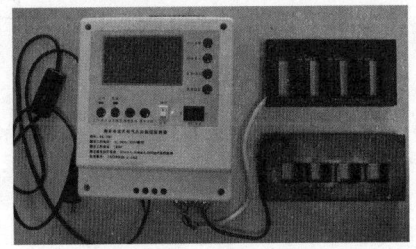

产品标准

GB 14287.2—2005《电气火灾监控系统 第2部分：剩余电流式电气火灾监控探测器》。

（十八）测温式电气火灾探测器

简　介

测温式电气火灾探测器是专门针对电气火灾而研制的探测器。它能够监视电气线路中因局部接触不良造成的过热这个易引发电气火灾的参数，当温度过高时及时报警。

按照工作方式可分为独立式（具有监控报警功能）和非独立式（与电气火灾监控设备组成系统使用）。

其工作原理为利用热电偶这种感温元件，把被探测部分的温度信号转换成热电动势信号，通过电气仪表转换成被测介质的温度，通过算法判断报警或故障。

典型产品图片

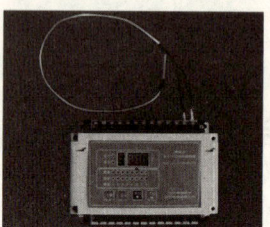

产品标准

GB 14287.3—2005《电气火灾监控系统　第3部分：测温式电气火灾监控探测器》。

（十九）电气火灾监控设备

简　介

电气火灾监控设备能接收来自电气火灾监控探测器的报警信号，发出声、光报警信号和控制信号，指示报警部位，记录并保存报警信息的装置。

电气火灾监控设备的主机部分承担着对电气火灾监控探测器信号的接收、处理、报警及向上位机传送信息的功能。电气火灾监控设备的电源部分是监控设备的供电保证环节，具有监控设备主机部分的供电功能。

电气火灾监控设备的工作原理与火灾报警控制器比较类似。电气火灾监控设备接收到电气火灾监控探测器发出的报警信号后，经CPU处理，送往声光报警器件、显示器件、信号输出端。声光报警器件由报警指示灯、蜂鸣器等组成，显示器件由数码管（LED）或液晶组成，信号输出端输出报警及控制信号，用于附加报警及切断电源等。电气火灾监控设备还有信号存储及打印功能，供随时查询。

典型产品图片

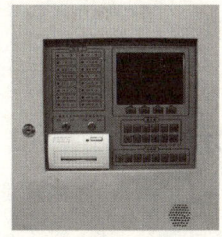

产品标准

GB 14287.1—2005《电气火灾监控系统　第1部分：电气火灾监控设备》。

（二十）火灾声和/或光警报器

简　介

火灾声和/或光警报器是在火灾发生的时候，通过发出声和/或光来为火灾现场的人员以及与消防相关的人员提供警示声、警示光信号的警报器产品，以警示人们采取安全疏散、灭火救援等应对火灾的措施。

警铃是一种最原始、最简单的火灾声警报器，一般由铃盖、电机或电磁铁、传动装置、击锤、安装板和接线端子等部分组成。常规的火灾声和/或光警报器一般由外壳、发声器件和/或发光器件、电源及控制电路等组成；可编址的火灾声和/或光警报器还设有地址编码部分。火灾声和/或光警报器主要安装在人员比较密集的场所和区域，重要的消防设施所在地。火灾声和/或光警报装置适用于未设置消防应急广播设备的火灾自动报警系统。每个防火分区应至少设有一个火灾警报装置，其位置宜设在各楼层走道靠近楼梯出口处。

典型产品图片

产品标准

GB 26851—2011《火灾声和/或光警报器》。

（二十一）火灾显示盘

简　介

火灾显示盘是火灾报警指示设备的一部分。它是接收火灾报警控制器发出火灾报警的信号，用于显示所辖区域内现场报警触发器件的报警信息，发布报警信号，便于现场人员迅速行动，确定具体的报警和故障部位。

火灾显示盘作为现场的报警信息和警报信号指示设备，通常设置于经常有人员存在或活动，而没有设置火灾报警控制器的现场区域，特别是在高（多）层、大跨度空间、连体建筑群和内部复杂构造的建筑等火灾报警信息通报受限的场所，火灾显示盘已经成为必不可少的重要设备。一般一个报警分区设置多台火灾显示盘。通常其所指示的信息区域为一个防火分区或一个楼层，即每一防火分区或楼层应设置一台火灾显示盘。

典型产品图片

产品标准

GB 17429—2011《火灾显示盘》。

（二十二）消火栓按钮

简　介

消火栓按钮一般放置于消火栓箱内，当发生火灾时可人为直接按下按钮触发器件，向消防联动控制器或消火栓水泵控制器发送动作信号并启动消防水泵。

消火栓按钮一般由前面板、底座、启动零件、启动确认灯、回答确认灯、接点等组成；对于可编址的消火栓按钮，还包括地址编码部分。

当发生火灾，需要从消火栓取水灭火时，手动操作启动零件使其动作，按钮发出启动信号，同时点亮启动确认灯。启动信号被传送至消防水泵控制器或消防联动控制器，消防水泵启动向消火栓供水，同时将水泵的启动回答信号反馈至消火栓按钮，按钮的回答确认灯点亮。消火栓按钮被启动后，直至启动零件被更换或手动复原，方可恢复正常状态。启动零件由玻璃或塑料等物质构成，在受到压力或击打后，发生破碎或明显的位移。

典型产品图片

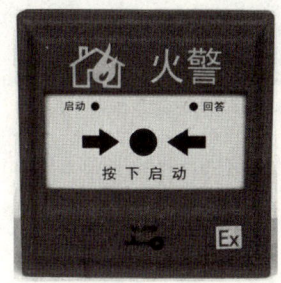

产品标准

GB 16806—2006《消防联动控制系统》。

（二十三）消防设备应急电源

简　介

消防设备应急电源是以蓄电池为能源的应急电源，包括交流输出的消防设备应急电源和直流输出的消防设备应急电源，其主要功能是在主电源发生故障时，为各类消防设备供电。这里所说的消防设备指的是消防风机、消防水泵等除消防应急灯具之外的在火灾发生时需要使用的和消防有关的设备。

消防设备应急电源主要包括整流充电器、蓄电池组、逆变器、互投装置等部分。其中逆变器的作用是将直流电转换成交流电；整流器的作用是将交流电变成直流电，实现对蓄电池及逆变器模块供电；互投装置是完成在市电与逆变器输出间的切换；

系统控制器对整个装置进行实时监控和工作状态显示，可以发出报警信号。在正常情况时，由交流市电供电，并对内置的蓄电池组自动充电，当交流市电断电后，互投装置立即切换至备用电源供电，供电时间由蓄电池的容量决定，当交流市电恢复时，应急电源将恢复为市电供电。

典型产品图片

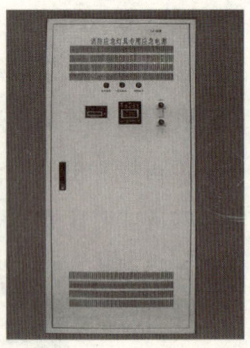

产品标准

GB 16806—2006《消防联动控制系统》。

（二十四）火灾报警控制器

简　介

火灾报警控制器是火灾自动报警系统的"接警中心"，它负责接收来自火灾探测器的报警信号，并对报警信号进行分析后发出相应的控制指令。因此，它的作用非常重要，在整个自动报警系统中起"大脑"的中枢作用。

火灾报警控制器既具有为所连接的火灾报警触发器件、火灾声和/或光警报器、火灾显示盘等现场设备供电的功能，又能够接收并发出火灾报警信号和故障信号，同时完成相应的显示和控制功能，以及与其他外部系统进行信息交流等功能，同时也是操作人员了解系统信息、干预系统工作的交互平台。

火灾报警控制器按应用方式分为：独立型（不具有向其他控制器传递信息功能的控制器）、区域型（具有向其他控制器传递信息功能的控制器）、集中型、集中区域兼容型；按结构形式分为：壁挂式、台式和柜式。

典型产品图片

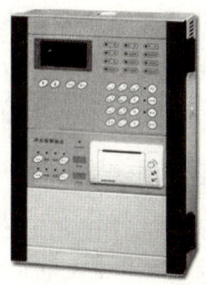

产品标准

GB 4717—2005《火灾报警控制器》。

（二十五）消防联动控制器／火灾报警控制器（联动型）

简　介

消防联动控制器就是"自动消防指挥员"的大脑中枢，一切启动信号和指令均由该控制器接收和发出，它可以和火灾报警控制器合用，完成火灾探测和消防联动控制功能。它通过接收火灾报警控制器发出的火灾报警信息，按预设逻辑对自动消防设备实现联动控制和状态监视。消防联动控制器可直接发出控制信号，通过驱动装置控制现场的受控设备。对于控制逻辑复杂，在消防联动控制器上不便实现直接控制的情况，也可通过消防控制装置（如防火卷帘控制器、气体灭火控制器等）间接控制受控设备。

将火灾报警控制器和消防联动控制器集成在一起的设备叫火灾报警控制器（联动型）。其原理、组成和分类与火灾报警控制器基本相同。

火灾报警控制器（联动型）主要由主控单元、回路控制单元、显示操作单元、报警控制输出单元、直接联动控制单元、通信控制单元和电源单元组成。主控单元在系统程序的控制下，向回路控制单元发出回路挂接的报警触发器件／模块等现场设备的巡检／动作执行指令，回路控制单元对来自主控单元的任务指令进行解释和调制，并通过现场回路网络发送出去；各种现场设备回馈的信息通过回路控制单元的解调转化和预处理，按照接口规约反馈到主控单元；主控单元应用其特定软件对反馈信息进行分析和判别，识别报警触发器件／模块和回路网络的各种状态，确认异常

(故障、报警)或动作事件后,生成报警/动作信息指示、异常/动作事件记录、报警控制动作输出、联动控制逻辑激活扫描和事件通信处理等任务,并将各任务提交给相应的功能单元,如将指示任务交与显示操作单元,将远程报警控制信号交与报警控制输出单元,将通信任务交与通信控制单元等负责执行。当人员对控制器实施操作时,可通过显示控制单元输入操作指令,控制器的指示操作单元对输入的指令进行编译和回显,并将确认有效的指令信息提交给主控单元,主控单元解释执行指令,并发起相关的任务操作,完成人员对系统的信息查询服务和干预操作的执行。由于火灾报警控制器实现方式型式极其多样,控制器系统设计实现的方式极为灵活,很难用统一的模式描述某一具体功能单元的构成和对其承担的任务进行明确分解界定,所以在此只能在功能层面进行各功能单元的分类描述,每一单元均为硬件和软件的复合体。各项功能任务的完整执行可能由上述分类中的一个功能单元完成,也可能由两个单元(最可能是主控单元)共同参与完成。

典型产品图片

产品标准

GB 16806—2006《消防联动控制系统》、GB 4717—2005《火灾报警控制器》。

(二十六) 消防应急广播设备

简　介

消防应急广播是在火灾或意外事故条件下通过控制功率放大器和扬声器进行应急广播的设备,它的主要功能是向现场人员通报火灾,指挥并引导现场人员疏散。

消防应急广播设备一般由声频功率放大器、预设广播信息单元、前置放大器、广播分区控制单元、显示操作单元、传声器、录音装置、扬声器、广播模块和电源等组成。

消防应急广播设备是火灾情况下的专用广播设备。当有火警或其他灾害与突发性事件发生时，通过中心指挥系统将有关指令或事先准备播放的内容，及时、准确地广播出去。音源的音频信号通过专用前置放大器实现音源信号的播放及转换，将小信号变换成标准信号输出；声频功率放大器将前置放大器的标准音频信号和传声器呼叫信号实现功率放大和定压输出。经过放大的音频信号通过广播分区控制器可传输到各个防火分区。

消防应急广播设备亦可与公共广播设备合用，平时可作背景音乐广播；在有火警发生时，不但能手动操作进入应急广播状态，而且能根据接收到的控制信号，通过逻辑编程自动进入应急广播状态。

典型产品图片

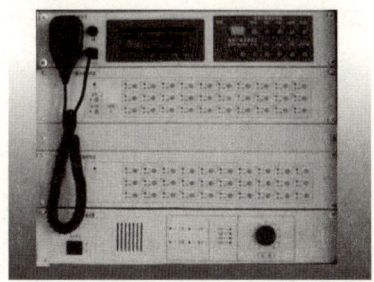

产品标准

GB 16806—2006《消防联动控制系统》。

（二十七）消防电话

简　介

消防电话是用于消防控制室与建筑物中各部位之间通话的电话系统。消防专用电话是与普通电话分开的独立系统，一般采用集中式对讲电话，总机设在消防控制室，分机分设在其他各个部位。其中消防电话总机是消防电话的重要组成部分，能够与消防电话分机进行全双工语音通信；消防电话分机设置于建筑物中各关键部位，能够与消防电话总机进行全双工语音通信；消防电话插孔安装于建筑物各处，插上电话手柄可以和消防电话总机通信。消防电话总机和分机分别设置在消防控制室和保护区各重要部位。当保护区出现火警或其他灾害与突发事件时，现场人员可利用分布于现场内的电话插孔和消防电话分机，无需拨号，摘机即可通话，从而准确、及时地与消防控制室进行联络。

消防电话由电话总机、电话分机、电话插孔和传输介质组成。消防电话总机部分一般由主控板、录音装置、显示操作单元和电源部分组成。主控板部分包括MCU控制单元、通话网络单元和接口部分，用于管理整个消防电话总机的工作流程控制，包括外部消防电话分机呼入信息的接收和转换、呼叫消防电话分机的转换和输出、数据存取、信息处理等管理。录音装置实现通话自动电子录音/放音。显示操作单元用于人机交互指令的输入、声光指示和信息显示。通过按键实现指定分区电话呼叫、外部消防电话分机呼入响应、自检、电子录音播放功能。显示操作单元显示消防电话工作状态、电源工作状态、指令输入状态等信息指示的部件。电源为消防电话总机和消防电话分机供电。

典型产品图片

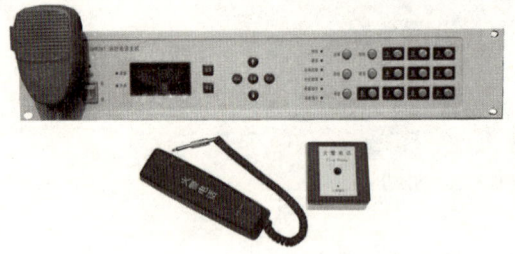

产品标准

GB 16806—2006《消防联动控制系统》。

(二十八) 模块

简　介

消防联动模块是用于消防联动控制器与其所连接的受控设备之间信号传输、转换的一种器件，包括消防联动中继模块、消防联动输入模块、消防联动输出模块和消防联动输入/输出模块，它是消防联动控制设备完成对受控消防设备联动控制功能所需的一种辅助器件。

中继模块的功能是对信号行中继处理，输入模块的功能是接收受控设备或部件的信号反馈并将信号输入消防联动控制器中进行显示，输出模块的功能是接收消防联动控制器的输出信号并发送到受控设备或部件，输入/输出模块则同时具备输入模块和输出模块的功能。

典型产品图片

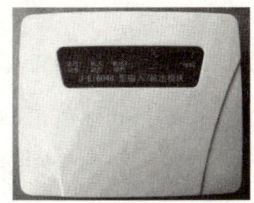

产品标准

GB 16806—2006《消防联动控制系统》。

（二十九）气体灭火控制器

简　介

　　气体灭火控制器是用于控制气体灭火的控制设备，该设备主要功能是接收来自消防联动控制器和启动按键（按钮）的启动控制信号并直接或间接控制气体灭火系统的相关设备或设施（包括声光警报器、防火阀、通风空调系统、各类防火门窗和喷洒光警报器等），发出声、光信号，显示相应状态，并将气体灭火控制器的工作状态（启动控制信号、延时信号、启动喷洒控制信号、气体喷洒信号、故障信号、选择阀和瓶头阀动作信息）发送到消防联动控制器。

　　气体灭火控制器一般由主控单元、显示操作单元、输入/输出控制单元、通信控制单元和电源单元组成。气体灭火控制器连接的现场部件一般由现场启动/停止按钮、现场手动/自动转换装置、火灾声光警报器、气体喷洒指示灯、模块和启动喷洒装置组成。

典型产品图片

产品标准

GB 16806—2006《消防联动控制系统》。

（三十）防火卷帘控制器

简　介

　　防火卷帘控制器是防火卷帘完成其防火、防烟功能所必需的重要电控设备。防火卷帘控制器由控制器主机（包括外设的手动控制装置）和速放控制装置构成，可以通过手动控制装置、配接的火灾探测器组发出的火灾报警信号和接收消防联动控制设备发出的联动控制信号控制防火卷帘的动作。

　　防火卷帘控制器可按其用途和构成方式进行分类。按其用途可分为仅用于防火分隔的防火卷帘控制器和可用于疏散通道上的防火卷帘控制器；按其构成方式可分为分体式防火卷帘控制器（手动控制装置设在防火卷帘控制器主机外部）和单体式防火卷帘控制器（手动控制装置设在防火卷帘控制器主机内部）。

　　防火卷帘控制器接收到控制信号（现场手动控制信号、自动控制信号或消防联动控制器的联动控制信号）后，对信号进行处理、转换并形成下一级控制信号，控制卷门机的电源及供电电路的接通、断开和卷门机的转动方向，从而完成防火卷帘上升、停止、下降的控制功能。防火卷帘控制器将受控设备的工作状态信息通过联动接口向上一级消防联动控制设备传送，发出受控设备状态的指示信号，包括电源信号、控制装置的手动/自动工作状态信号、延时信号、受控设备的状态信号。防火卷帘控制器在卷门机电源发生故障时，通过控制速放控制装置打开卷门机的制动机构，使防火卷帘在自身重力的作用下按照预定的动作顺序执行下降、停止并延时、停止等动作。限位装置可使防火卷帘可靠地停留在预定的位置上。

典型产品图片

产品标准

　　GA 386—2002《防火卷帘控制器》。

(三十一) 消防控制室图形显示装置

简 介

消防控制室图形显示装置能接收并图形化地显示各类消防设施的报警位置,显示各类消防设备的实时工作状态,同时将建筑物内各类信息传输到上一级的指挥中心。

消防控制室图形显示装置一般由计算机主机、显示器、通信模块、电源单元和软件组成。

消防控制室图形显示装置与火灾报警控制器和消防联动控制器进行通信,及时接收消防系统中的设备火警信号、联动信号和故障信号,并通过图形终端把火警信息、故障信息和联动信息直观地显示在建筑平面图上,从而使消防管理人员能够方便及时地处理火灾事故。

典型产品图片

产品标准

GB 16806—2006《消防联动控制系统》。

(三十二) 传输设备

简 介

传输设备是将火灾报警控制器发出的火灾报警信号和其他信号通过有线或无线的传输方式传输给城市火灾网络监控中心的设备。

传输设备通过并行/串行接口或开关量接口,实时监测所连接的火灾自动报警系统等建筑消防设施的工作状态。当采集到火灾报警信息、故障信息或其他运行状态信息时,在现场显示和报警,并自动通过报警传输网络向监控中心传送。

典型产品图片

产品标准

GB 16806—2006《消防联动控制系统》。

（三十三）消防电气控制装置

简　介

　　消防电气控制装置是接收消防联动控制器的控制指令，控制相应的疏散设备和灭火设备实现其功能的。受控设备属于具体执行设备，如消防水泵、排烟风机等。

　　以消防给水系统为例，消防电气控制装置（水泵控制器）在接收到消防联动控制器指令后控制接通消防水泵电源，使水泵投入工作，并将水泵的工作信号反馈到消防控制室内的消防联动控制器上进行显示。

　　消防电气控制装置控制的受控设备种类繁多，包括消防电气控制装置（消防泵控制设备）、消防电气控制装置（防排烟风机控制设备）、消防电气控制装置（双电源控制设备）、消防电气控制装置（消防泵自动巡检控制设备）、消防电气控制装置（消防电动开窗机控制设备）、消防电气控制装置（消防电动开门机控制设备）、消防电气控制装置（消防泵、双电源控制设备）、消防电气控制装置（防排烟风机、双电源控制设备）、消防电气控制装置（消防泵、防排烟风机控制设备）、消防电气控制装置（消防泵、防排烟风机、双电源控制设备）、消防电气控制装置（消防泵自动巡检、双电源控制设备）、消防电气控制装置（消防泵自动巡检、防排烟风机、双电源控制设备）、消防电气控制装置（消防泵自动巡检、消防泵控制设备）等。

由于各类受控设备与水泵工作方式基本相同，都是有电就工作，跟控制部分的控制逻辑没有直接关系，就是说只要保证消防电气控制装置与消防联动控制器之间的通信和其与受控设备间接口参数等性能，就能保证整个消防系统的整体性和有效性。

因此，在标准中没有明确将消防电气控制装置进行细分类，而是根据消防联动控制需求将所有交流供电输出的设备统一称为消防电气控制装置，并提出了相应的通用性的技术要求。

目前工程使用中，大量存在将民用高低压开关柜、电源转换装置、电气控制柜、水泵控制设备连接消防负载，特别是民用设备和消防负载混接，同时声称为民用产品，不属于消防产品，由于缺失应有的消防防护要求、防火设计和管理，致使很多消防设备在火灾条件下无法正常运行，因此必须要求控制消防设备的电气控制装置符合相应的消防产品标准，并在设计、安装、使用过程中按消防产品处理，只有这样才能保证这些设备在发生火灾时起到应有的作用。GB 50116《火灾自动报警系统设计规范》和 GB 50166《火灾自动报警系统施工及验收规范》中对消防水泵控制装置、防烟排烟控制装置等各类消防电气控制装置的设计、安装、使用及验收作出了明确的规定。

1) 消防产品的界定

建筑中安装使用的在发生火灾时为人员疏散、灭火和抢险救援提供支持的设备均应属于消防设备。只有这样才能保证其在火灾时起到应有的作用。由此可见，控制消防泵、防排烟风机、应急照明等电气控制装置和为消防设备提供电源的配电设备均应符合相应的消防产品标准要求。

2) 国家标准 GB 25506《消防控制室通用技术要求》

国家标准 GB 25506《消防控制室通用技术要求》要求消防控制室应能接收消防泵、消防电源、防排烟风机等消防设施的工作状态信号，并能控制这些消防设施的启动和停止。

普通的民用电气控制装置只能现场启动，无法接收控制信号和发送反馈信号。同时，普通的民用电气产品在配电设计、防护等方面均没有防火要求，不能满足火灾时持续工作的需求。

3) 民用电气控制装置的标准现状

目前民用电气控制装置包括水泵控制柜、电气控制柜，没用统一的国家标准，企业大多依据行业标准、企业标准和设计院提出的技术要求进行生产。因此无法适应消防产品的功能性、可靠性和安全性要求。

综上所述，建议明确连接消防设施的电气开关柜、电源转换装置、控制设备等为消防产品，均属获证产品——消防电气控制装置的覆盖范围。

典型产品图片

产品标准

GB 16806—2006《消防联动控制系统》。

（三十四）消防电动装置

简　介

消防电动装置属于利用电气原理驱动或释放消防设施动作的控制装置，包括消防电动装置（消防电动开窗机）、消防电动装置（消防电动开门机）、消防电动装置（消防电磁门吸）、消防电动装置（电动阀）等。

消防电动装置接收消防联动控制信号，发送驱动信号并接收反馈信号，消防电动开窗机、消防电动开门机等消防设施接收驱动信号，执行相应的动作。因此在标准中没有明确将消防电动装置进行细分类，而是根据消防联动控制需求将所有直流供电输出的设备统一称为消防电动装置，并提出了相应的通用性的技术要求。

消防电气控制装置一般由主电路、控制电路、操作和指示部分等基本单元组成。消防电气控制装置的主电路为控制装置供电。控制电路对受控设备进行控制，接收受控设备的反馈信号。操作和指示部分指示消防电气控制的状态、接收操作人员的操作、设置指令。

典型产品图片

产品标准

GB 16806—2006《消防联动控制系统》。

（三十五）消防设备电源监控系统

简 介

消防设备电源监控系统由消防设备电源监控器、电压传感器、电压/电流传感器、区域分机、系统监控专用软件、系统总线等部分或全部设备组成。消防设备电源监控系统对消防设备电源进行 24 h 监测，当各类为消防设备供电的交流或直流电源（包括主、备电）发生过压、欠压、缺相、过流、中断供电等故障时，消防电源监控器实时显示电压、电流值及故障点位置，同时发出声光报警并记录故障信息。系统采用总线通信，通过软件远程设置现场信号传感器的地址码及故障参数，传感器由消防控制室的消防设备电源监控器集中提供 DC 24 V 工作电源，以确保系统的安全稳定。

典型产品图片

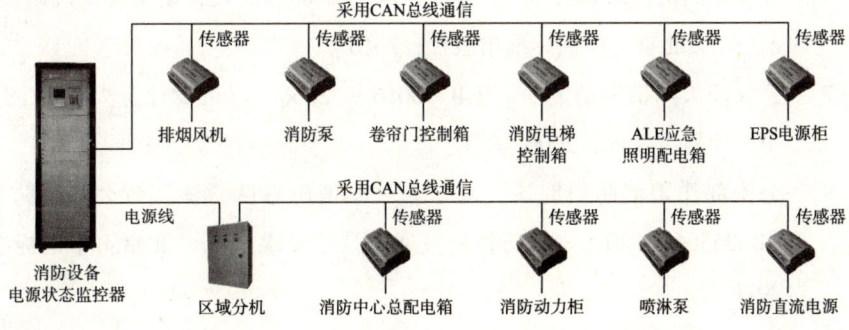

产品标准

GB 28184—2011《消防设备电源监控系统》。

参考文献

[1] 公安部沈阳消防科学研究所．GB 50116—2013 火灾自动报警系统设计规范[S]．北京：中国计划出版社，2014．

[2] 公安部沈阳消防研究所，西安盛赛尔电子有限公司，上海松江电子仪器厂，等．GB 16806—2006 消防联动控制系统[S]．北京：中国标准出版社，2007．

[3] 公安部天津消防科学研究所．GB 50084—2001 自动喷水灭火系统设计规范（2005年版）[S]．北京：中国计划出版社，2005．

[4] 公安部天津消防研究所．GB 50370—2005 气体灭火系统设计规范[S]．北京：中国标准出版社，2006．

[5] 中国建筑东北设计研究院．JGJ 16—2008 民用建筑电气设计规范[S]．北京：中国建筑工业出版社，2008．

[6] 公安部沈阳消防研究所．GB 22134—2008 火灾自动报警系统组件兼容性要求[S]．北京：中国标准出版社，2010．

[7] 公安部天津消防研究所．GB 50016—2006 建筑设计防火规范[S]．北京：中国计划出版社，2006．

[8] 公安部沈阳消防研究所，辽宁省公安消防总队，浙江省公安消防总队，等．GB 25506—2010 消防控制室通用技术要求[S]．北京：中国标准出版社，2011．

[9] 中华人民共和国公安部．GB 50219—95 水喷雾灭火系统设计规范[S]．北京：中国计划出版社，2011．

[10] 公安部天津消防研究所．GB 3445—2005 室内消火栓[S]．北京：中国标准出版社，2006．

[11] 公安部天津消防科研所. GB 20031—2005 泡沫灭火系统及部件通用技术条件[S]. 北京：中国标准出版社，2006.

[12] 公安部天津消防研究所，深圳蓝盾实业有限公司，沈阳强盾防火门有限公司，等. GB 12955—2008 防火门[S]. 北京：中国标准出版社，2009.

[13] 全国消防标准化技术委员会第八分技术委员会. GB 14102—2005 防火卷帘[S]. 北京：中国标准出版社，2005.

[14] 公安部沈阳消防研究所. GB 17945—2010 消防应急照明和疏散指示系统[S]. 北京：中国标准出版社，2010.

[15] 中国人民武装警察部队学院，辽宁省消防局，西安盛赛尔电子有限公司. GB 4715—2005 点型感烟火灾探测器[S]. 北京：中国标准出版社，2005.

[16] 公安部沈阳消防研究所. GB 4716—2005 点型感温火灾探测器[S]. 北京：中国标准出版社，2006.

[17] 公安部沈阳消防研究所. GB 14287.1—2005 电气火灾监控系统 第1部分：电气火灾监控设备[S]. 北京：中国标准出版社，2005.

[18] 公安部四川消防研究所. GA 306.1—2007 阻燃及耐火电缆 塑料绝缘阻燃及耐火电缆分级和要求 第1部分：阻燃电缆[S]. 北京：中国标准出版社，2007.

[19] 公安部四川消防研究所. GA 306.2—2007 阻燃及耐火电缆 塑料绝缘阻燃及耐火电缆分级和要求 第2部分：耐火电缆[S]. 北京：中国标准出版社，2007.

[20] 中国石化集团洛阳石油化工工程公司，等. GB 50493—2009 石油化工可燃气体和有毒气体检测报警设计规范[S]. 北京：中国计划出版社，2009.

[21] 公安部沈阳消防研究所. GB 29364—2012 防火门监控器[S]. 北京：中国标准出版社，2012.

[22] 公安部沈阳消防研究所. GB 50440—2007 城市消防远程监控系统技术规范[S]. 北京：中国计划出版社，2008.

[23] 公安部沈阳消防研究所，西安盛赛尔电子有限公司，湖南高城消防实业有限公司. GB 26851—2011 火灾声和/或光警报器[S]. 北京：中国标准出版社，2012.

[24] 公安部沈阳消防研究所. GB 17429—2011 火灾显示盘[S]. 北京：中国标准出版社, 2012.

[25] 中国联合工程公司. GB 50052—2009 供配电系统设计规范[S]. 北京：中国计划出版社, 2010.

[26] 王厚余. 低压电气装置的设计安装和检验[M]. 3版. 北京：中国电力出版社, 2012.

[27] 中国建筑学会建筑电气分会. 民用建筑电气设计规范实施指南[M]. 北京：中国电力出版社, 2009.

[28] 陈南. 建筑火灾自动报警技术[M]. 北京：化学工业出版社, 2005.

[29] 赵英然. 智能建筑火灾自动报警系统设计与实施[M]. 北京：知识产权出版社, 2005.

[30] 徐帮学. 最新建筑消防工程设计施工验收与技术规范标准手册[M]. 珠海：珠海出版社, 2003.

[31] 唐海. 建筑电气设计与施工[M]. 北京：中国建筑工业出版社, 2000.

[32] 中国电气工程大典编委会. 中国电气工程大典 第14卷. 建筑电气工程[M]. 北京：中国电力出版社, 2009.

[33] 黄浩忠. 火灾自动报警系统：简明设计手册[M]. 北京：中国建材工业出版社, 2001.

[34] 公安部消防局. 建筑消防设施工程技术[M]. 北京：新华出版社, 1998.

[35] 公安部消防局. 消防控制室操作与管理[M]. 北京：新华出版社, 1999.

[36] 公安部消防局. 易燃易爆化学物品安全操作与管理[M]. 北京：新华出版社, 1999.

[37] 栾军, 丁宏军. 家庭中安装火灾探测报警装置的可行性探讨[J]. 建筑电气, 2009 (12): 43-45.

[38] 高锴. 电气火灾监控系统和电气火灾预防[J]. 建筑电气, 2013, 32 (11): 54-56.